配电网工程标准工艺图册
配电站房电气分册

国网宁夏电力有限公司　编

中国电力出版社
CHINA ELECTRIC POWER PRESS

内 容 提 要

本书为《国网宁夏电力有限公司配电网工程标准工艺图册 配电站房电气分册》，共分 12 章，分别为箱式变电站、环网箱、环网室、开关站、配电室、门禁管理系统、视频监控系统、消防系统、通风系统、水浸系统、环境监测系统、测温系统。

本书可供配电网工程施工、设计、监理单位及各级供电公司的配电网运行维护、管理等部门技术人员和管理人员使用，还可用于指导设计、施工、质量检查、竣工验收等各个环节。

图书在版编目（CIP）数据

配电网工程标准工艺图册. 配电站房电气分册 / 国网宁夏电力有限公司编. —北京：中国电力出版社，2021.1（2023.10 重印）
ISBN 978-7-5198-5290-0

Ⅰ. ①配… Ⅱ. ①国… Ⅲ. ①配电系统–电力工程–标准–图集②配电站–电气设备–标准–图集 Ⅳ. ①TM7-65②TM641-65

中国版本图书馆 CIP 数据核字（2021）第 013617 号

出版发行：中国电力出版社
地　　址：北京市东城区北京站西街 19 号（邮政编码 100005）
网　　址：http://www.cepp.sgcc.com.cn
责任编辑：雍志娟（010-63412255）
责任校对：黄　蓓　朱丽芳
装帧设计：张俊霞
责任印制：石　雷

印　　刷：三河市万龙印装有限公司
版　　次：2021 年 1 月第一版
印　　次：2023 年 10 月北京第四次印刷
开　　本：787 毫米×1092 毫米　16 开本
印　　张：9.25
字　　数：192 千字
印　　数：3001—3500 册
定　　价：62.00 元

前　言

配电网是服务经济社会发展、服务民生的重要基础设施，是供电服务的"最后一公里"，是全面建成具有中国特色、国际领先的能源互联网企业的重要基础。随着我国经济社会的不断发展，人民的生活水平日益提高，对配电网供电可靠性和供电质量的要求越来越高。近年来，国家逐步加大配电网建设改造的投入力度，配电网建设改造任务越来越重。

自 1998 年起，国网宁夏电力有限公司先后完成了"两改一同价"、一期农网建设与改造工程、二期农网建设与改造工程、县城电网建设与改造工程、西部农网建设与改造完善工程、农网改造升级工程、新一轮农网改造升级工程等，实施了自然村通电、户户通电工程、农村低压电网接（进）户线整治工程、设施农业、生态移民搬迁、机井通电、村村通动力电、小城镇（中心村）供电、小康用电示范县等电网建设任务。经过 20 多年的城、农网建设和改造，配电网结构得到了有效的完善，但因其具有点多面广、地域差别大、参建人员多的特点，配电网工程建设标准、建设质量和工艺水平还需进一步巩固提升。

国网宁夏电力有限公司历来重视配电网工程的质量管理工作。2010 年，国网宁夏电力有限公司根据《国家电网公司输变电工程典型设计　10kV 和 380/220V 配电线路分册》和《国家电网公司输变电工程通用设计（2006 年版）》中的《10kV 电能计量装置分册》《400V 电能计量装置分册》《220V 电能计量装置分册》的有关内容，编写了《宁夏电力公司农网配电工程设计实用手册》，作为宁夏农村电网建设与改造的第一部典型设计。2017～2020 年，国网宁夏电力有限公司在国家电网有限公司配电网工程典型设计（2016 年版、2018 年版）的基础上，结合宁夏配电网建设与改造实际，完成了《配电网工程标准工艺图册》丛书的编制。

本丛书共 4 个分册，分别为《架空线路分册》《电缆分册》《配电站房土建分册》《配电站房电气分册》，可供配电网工程施工、设计、监理单位及各级供电公司的配电网运行维护、管理等部门技术人员和管理人员使用，还可用于指导配电网工程设计、施工、质量检查、竣工验收等各个环节。

本丛书凝聚了国网宁夏电力有限公司配电网系统广大专家和工程技术人员的心血和汗水，是推行标准化建设的又一重要成果。希望本丛书的出版和应用，能够进一步提升配电网工程建设质量和水平，为建设现代化配电网奠定坚实基础。

本册为《配电站房电气分册》，共 12 章，分别为箱式变电站、环网箱、环网室、开关站、配电室、门禁管理系统、视频监控系统、消防系统、通风系统、水浸系统、环境监测系统、测温系统。本书大量采用图片形式表现，并辅以必要的文字说明，图文并茂地对工程施工的关键节点进行了详细描述。尤其是针对近年来配电网工程中出现的典型质量问题，明确了标准工艺要点，易于读者参考使用。

由于编者专业水平有限，加之时间仓促，书中难免存在标准理解偏差和图片释义不太准确的情况，恳请各位读者及时反馈宝贵意见。

编　者

2020 年 10 月

目　　录

第1章 箱式变电站

1.1 方案选取

1.1.1 XA-1方案（美式）

（1）主要技术原则：10kV采用两位置或四位置负荷开关，户外共箱布置，电缆进出线。10kV箱式变电站（美式）采用线变组接线方式，10kV进线1回，低压馈线4～6回。XA-1系统配置图（200kVA）如图1-1所示，XA-1系统配置图（400kVA）如图1-2所示，XA-1系统配置图（500kVA）如图1-3所示。

（2）适用范围：一般用于配电室建设改造困难或临时用电的情况。

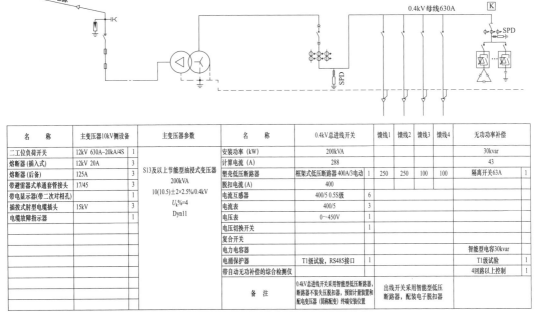

名　称	主变压器10kV侧设备		主变压器参数	名　称	0.4kV总进线开关		馈线1	馈线2	馈线3	馈线4	无功功率补偿	
二工位负荷开关	12kV 630A-20kA/4S	1	S13及以上节能型油浸式变压器 200kVA 10(10.5)±2×2.5%/0.4kV $U_k\%=4$ Dyn11	安装功率（kW）	200kVA						30kvar	
熔断器（插入式）	12kV 20A	3		计算电流（A）	288						43	
熔断器（后备）	125A	3		塑壳低压断路器	框架式低压断路器400A/3电动	1	250	250	100	100	隔离开关63A	1
带避雷器式单通套管接头	17/45	3		脱扣电流（A）	400							
带电显示器(带二次对相孔)		1		电流互感器	400/5 0.5S级	6						
插拔式肘型电缆插头	15kV	3		电流表	400/5	3						
电缆故障指示器		1		电压表	0～450V	1						
				电压切换开关								
				复合开关								
				电力电容器							智能型电容30kvar	
				电涌保护器	T1级试验，RS485接口	1					T1级试验	1
				带自动无功补偿的综合检测仪							4回路以上控制	1
				备　注	0.4kV总进线开关采用智能型低压断路器，断路器不装失压脱扣器，预留计量装置和配电变压器（简配变）终端安装位置		出线开关采用智能型低压断路器，配装电子脱扣器					

图1-1　XA-1系统配置图（200kVA）

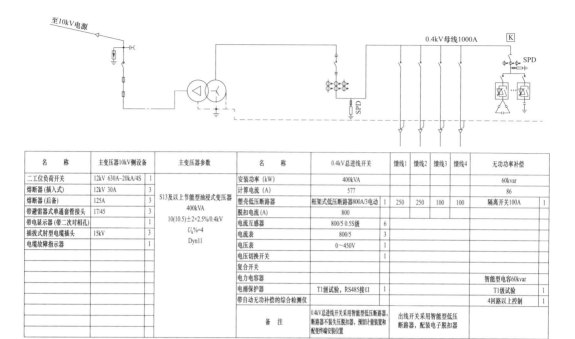

图1-2 XA-1系统配置图（400kVA）

名 称	主变压器10kV侧设备		主变压器参数	名 称	0.4kV总进线开关		馈线1	馈线2	馈线3	馈线4	无功功率补偿	
二工位负荷开关	12kV 630A-20kA/4S	1	S13及以上节能型油浸式变压器 400kVA 10(10.5)±2×2.5%/0.4kV $U_k\%=4$ Dyn11	安装功率 (kW)	400kVA						60kvar	
熔断器 (插入式)	12kV 30A	3		计算电流 (A)	577						86	
熔断器 (后备)	125A	3		塑壳低压断路器	框架式低压断路器800A/3电动	1	250	250	100	100	隔离开关100A	1
带避雷器式单通套管接头	17/45	3		脱扣电流 (A)	800							
带电显示器 (带二次对相孔)		1		电流互感器	800/5 0.5S级	6						
插拔式肘型电缆插头	15kV	3		电流表	800/5	3						
电缆故障指示器		1		电压表	0～450V							
				电压切换开关		1						
				复合开关								
				电力电容器							智能型电容60kvar	
				电涌保护器	T1级试验，RS485接口	1					T1级试验	1
				带自动无功补偿的综合检测仪							4回路以上控制	1
				备 注	0.4kV总进线开关采用智能型低压断路器，断路器不装失压脱扣器，预留计量装置和配变终端安装位置		出线开关采用智能型低压断路器，配装电子脱扣器					

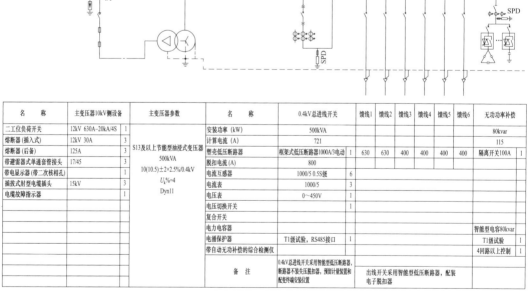

图1-3 XA-1系统配置图（500kVA）

名 称	主变压器10kV侧设备		主变压器参数	名 称	0.4kV总进线开关		馈线1	馈线2	馈线3	馈线4	馈线5	馈线6	无功功率补偿	
二工位负荷开关	12kV 630A-20kA/4S	1	S13及以上节能型油浸式变压器 500kVA 10(10.5)±2×2.5%/0.4kV $U_k\%=4$ Dyn11	安装功率 (kW)	500kVA								80kvar	
熔断器 (插入式)	12kV 30A	3		计算电流 (A)	721								115	
熔断器 (后备)	125A	3		塑壳低压断路器	框架式低压断路器1000A/3电动	1	630	630	400	400	400	400	隔离开关100A	1
带避雷器式单通套管接头	17/45	3		脱扣电流 (A)	800									
带电显示器 (带二次核相孔)		1		电流互感器	1000/5 0.5S级	6								
插拔式肘型电缆插头	15kV	3		电流表	1000/5	3								
电缆故障指示器		1		电压表	0～450V									
				电压切换开关		1								
				复合开关										
				电力电容器									智能型电容80kvar	
				电涌保护器	T1级试验，RS485接口	1							T1级试验	1
				带自动无功补偿的综合检测仪									4回路以上控制	1
				备 注	0.4kV总进线开关采用智能型低压断路器，断路器不装失压脱扣器，预留计量装置和配变终端安装位置		出线开关采用智能型低压断路器，配装电子脱扣器							

1.1.2 XA-2方案（欧式）

（1）主要技术原则：10kV采用气体绝缘负荷开关柜；0.4kV采用空气断路器；可根据所供区域的负荷情况，选用400～630kVA环保、节能型油浸式变压器；采用电缆进出线。10kV采用单母线接线，0.4kV采用单母线接线。XA-2方案10kV系统配置图（400kVA）如图1-4所示，XA-2方案0.4kV系统配置图（400kVA）如图1-5所示，

间隔编号		1G	2G	3G
用途		进线柜	进线柜	变压器
10kV母线 630A		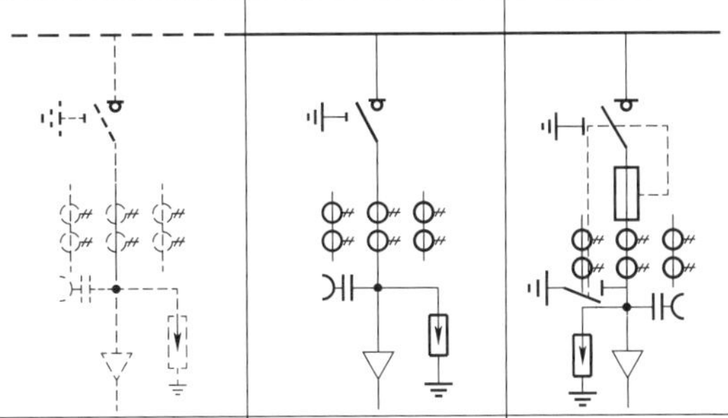		
10kV系统图				
负荷开关	额定电压（kV）	12	12	12
	额定电流（A）	630	630	630
	额定短路电流（kA）	20	20	20
面板嵌入式故障显示器	锂电池供电			
	远传触点			
	短路整定电流600A	1组	1组	
	单相接地整定电流30A			
	自动复位时间8h			
加热除湿装置		1套	1套	1套
熔断器（底座/熔丝）				125/40A
带电显示器		1组	1组	1组
避雷器		1组	1组	1组
电流互感器（0.5S级）		300/5	300/5	50/5

说明：1. 采用弹簧储能手动操动机构或电动操动机构。

2. 预留三动合、三动断开关辅助触点。

3. 符合"五防"要求，具有寿命期后气体回收分解的环保承诺。

4. 避雷器、电流互感器安装和选型，根据相关规范、运行分析和要求确定。

5. 共箱式气体绝缘柜。

6. 安装地海拔高度大于1000m时，定货时提出须调整柜内气体压力。

图1-4 XA-2方案10kV系统配置图（400kVA）

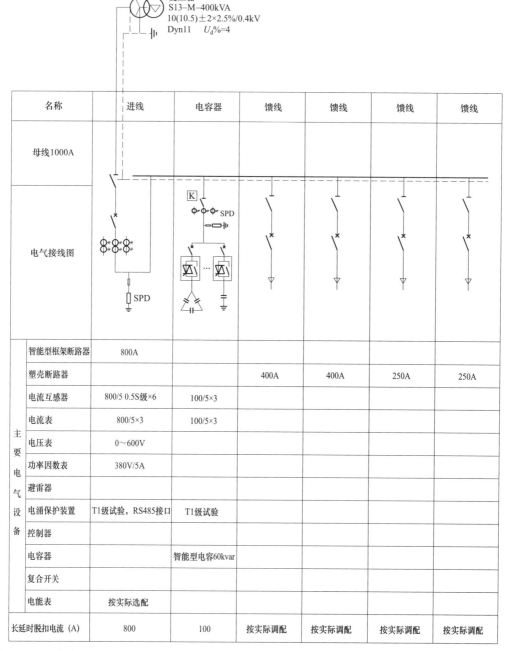

变压器
S13-M-400kVA
10(10.5)±2×2.5%/0.4kV
Dyn11 $U_d\%=4$

名称	进线	电容器	馈线	馈线	馈线	馈线
母线1000A						
电气接线图						
主要电气设备	智能型框架断路器	800A					
	塑壳断路器			400A	400A	250A	250A
	电流互感器	800/5 0.5S级×6	100/5×3				
	电流表	800/5×3	100/5×3				
	电压表	0~600V					
	功率因数表	380V/5A					
	避雷器						
	电涌保护装置	T1级试验，RS485接口	T1级试验				
	控制器						
	电容器		智能型电容60kvar				
	复合开关						
	电能表	按实际选配					
长延时脱扣电流（A）		800	100	按实际调配	按实际调配	按实际调配	按实际调配

说明：1. 0.4kV 侧总断路器，智能脱扣器选用无触点连续可调数显型。0.4kV 馈线保护，馈线断路器脱扣器可选择电子式脱扣器。均不设失压保护。

2. 总断路器长延时脱扣宜按变压器额定电流整定。馈线长延时脱扣可根据电缆长期允许电流和上下级配合要求进行调整。

图1-5 XA-2方案0.4kV系统配置图（400kVA）

XA－2 方案 10kV 系统配置图（500kVA）如图 1－6 所示，XA－2 方案 0.4kV 系统配置图（500kVA）如图 1－7 所示，XA－2 方案 10kV 系统配置图（630kVA）如图 1－8 所示，XA－2 方案 0.4kV 系统配置图（630kVA）如图 1－9 所示。

间隔编号		1G	2G	3G
用途		进线柜	进线柜	变压器
10kV 母线　630A		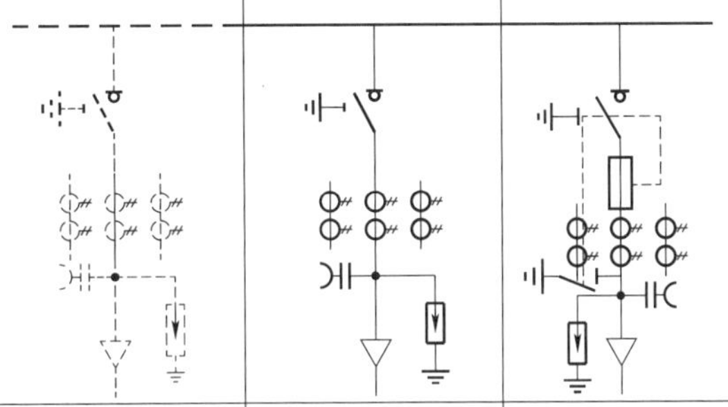		
10kV系统图				
负荷开关	额定电压（kV）	12	12	12
	额定电流（A）	630	630	630
	额定短路电流（kA）	20	20	20
面板嵌入式故障显示器	锂电池供电			
	远传触点			
	短路整定电流600A	1组	1组	
	单相接地整定电流30A			
	自动复位时间8h			
加热除湿装置		1套	1套	1套
熔断器（底座/熔丝）				125/50A
带电显示器		1组	1组	1组
避雷器		1组	1组	1组
电流互感器（0.5S级）		300/5	300/5	50/5

说明：1. 采用弹簧储能手动操动机构或电动操动机构。

2. 预留三动合、三动断开关辅助触点。

3. 符合"五防"要求，具有寿命期后气体回收分解的环保承诺。

4. 避雷器、电流互感器安装和选型，根据相关规范、运行分析和要求确定。

5. 共箱式气体绝缘柜。

6. 安装地海拔高度大于1000m时，定货时提出须调整柜内气体压力。

图 1－6　XA－2方案10kV系统配置图（500kVA）

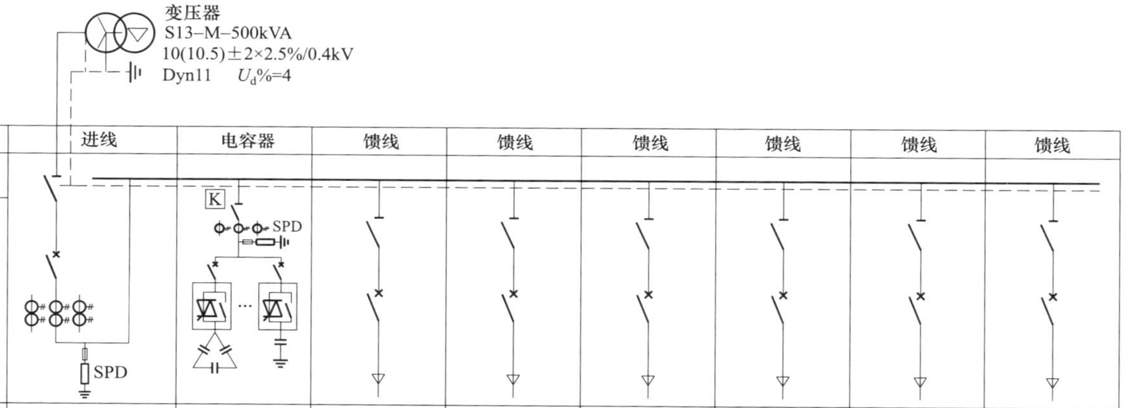

变压器
S13-M-500kVA
10(10.5)±2×2.5%/0.4kV
Dyn11 $U_d\%=4$

名称	进线	电容器	馈线	馈线	馈线	馈线	馈线	馈线
电气接线图（母线1000A）								
智能型框架断路器	1000A							
塑壳断路器			630A	630A	400A	400A	400A	400A
电流互感器	1000/5 0.5S级×6	200/5×3 / 200/5×3						
电流表	1000/5×3							
电压表	0～600V							
功率因数表	380V/5A							
避雷器								
电涌保护装置	T1级试验，RS485接口	T1级试验						
控制器		智能型电容80kvar						
电容器								
复合开关								
电能表	按实际选配		按实际调配	按实际调配	按实际调配	按实际调配	按实际调配	按实际调配
长延时脱扣电流（A）	1000	150						

（主要电气设备：电流表、电压表、功率因数表、避雷器、电涌保护装置、控制器、电容器、复合开关、电能表）

图1-7 XA-2方案0.4kV系统配置图（500kVA）

说明：1. 0.4kV侧总断路器、智能脱扣器选用无触点连续可调数显型。0.4kV馈线保护、馈线断路器脱扣器可选择电子式脱扣器。均不设失压保护。

2. 总断路器长延时脱扣器宜按变压器额定电流整定。馈线长延时脱扣可根据电缆长期允许电流和上下级配合要求进行调整。

间隔编号	1G	2G	3G
用途	进线柜	进线柜	变压器
10kV母线 630A 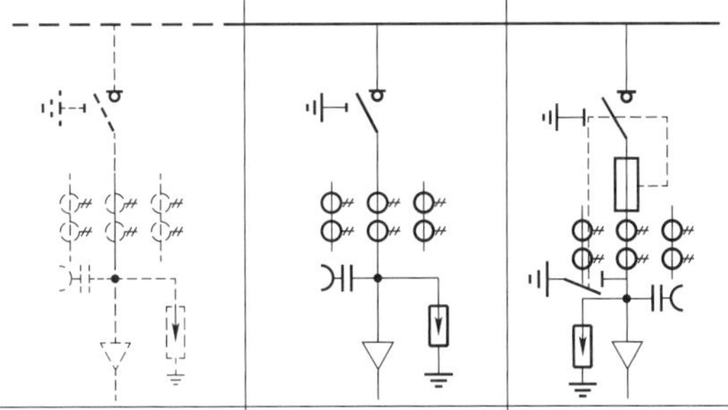			
10kV系统图			
负荷开关 额定电压（kV）	12	12	12
负荷开关 额定电流（A）	630	630	630
负荷开关 额定短路电流（kA）	20	20	20
面板嵌入式故障显示器 锂电池供电	1组	1组	
面板嵌入式故障显示器 远传触点	1组	1组	
面板嵌入式故障显示器 短路整定电流600A	1组	1组	
面板嵌入式故障显示器 单相接地整定电流30A	1组	1组	
面板嵌入式故障显示器 自动复位时间8h	1组	1组	
加热除湿装置	1套	1套	1套
熔断器（底座/熔丝）			125/63A
带电显示器	1组	1组	1组
避雷器	1组	1组	1组
电流互感器（0.5S级）	300/5	300/5	75/5

说明：1. 采用弹簧储能手动操动机构或电动操动机构。

2. 预留三动合、三动断开关辅助触点。

3. 符合"五防"要求，具有寿命期后气体回收分解的环保承诺。

4. 避雷器、电流互感器安装和选型，根据相关规范、运行分析和要求确定。

5. 共箱式气体绝缘柜。

6. 安装地海拔高度大于1000m时，定货时提出须调整柜内气体压力。

图1-8 XA-2方案10kV系统配置图（630kVA）

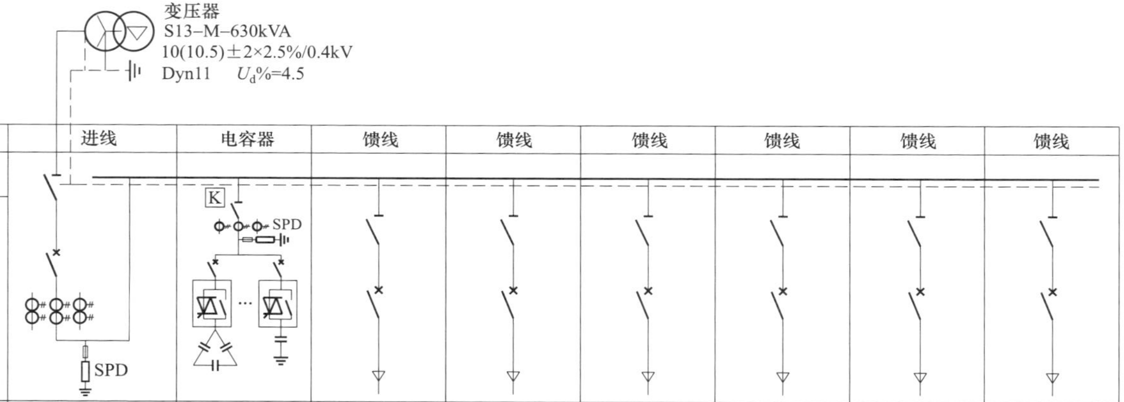

变压器
S13-M-630kVA
10(10.5)±2×2.5%/0.4kV
Dyn11　Ud%=4.5

名称	进线	电容器	馈线	馈线	馈线	馈线	馈线	馈线
母线1600A								
电气接线图								
智能型框架断路器	1250A							
塑壳型断路器			630A	630A	400A	400A	400A	400A
电流互感器	1200/5 0.5S级×6	300/5×3	300/5×3					
电压表	1200/5×3							
功率因数表	0～600V							
避雷器	380V/5A							
电涌保护装置	T1级试验，RS485接口	T1级试验						
控制器								
电容器		智能型电容100kvar						
复合开关								
电能表	按实际选配	按实际选配	按实际调配	按实际调配	按实际调配	按实际调配	按实际调配	按实际调配
长延时脱扣电流（A）	1000	315						按实际调配

图1-9　XA-2方案 0.4kV系统配置图（630kVA）

说明：1. 0.4kV侧总断路器、智能脱扣器选用无触点连续可调数显型。0.4kV馈线保护，馈线断路器脱扣器可选择电子式脱扣器。均不设失压保护。

2. 总断路器长延时脱扣器宜按变压器额定电流整定。馈线长延时脱扣可根据电缆长期允许电流和上下级配合要求进行调整。

（2）适用范围：

1）适用城镇区电缆区域；

2）适宜防火间距不足、地势狭小、选址困难区域。

1.2 流　程　图

箱式变电站安装施工流程图如图 1-10 所示。

图 1-10　箱式变电站安装施工流程图

1.3 施　工　环　节

1.3.1　施工准备

（1）高、低压配电装置的设计、安装应符合有关国家标准和行业规范、规程及《国家电网公司配电网工程典型设计　10kV 配电站房分册（2016 年版）》的要求，推荐使用节能环保的设备。

（2）电气设备安装工程应按已批准的相关设计文件进行施工。涉及电网安全运行的新建或改建工程的设计图纸，须经运行管理单位审核。

（3）统一招标采购的设备和主材必须按照已经签订的招标订货技术规范进行验收。

（4）若到货的设备和主材不符合招标订货技术规范，应要求供货厂商整改。

1.3.2　到货验收

（1）检查产品型号、容量、规格、内部配置参数及接线方式，应与设计一致。对每路配电开关及保护装置核对规格、型号，应符合设计要求。箱式变电站的高、低压柜内部接线应完整，低压柜每个输出回路应标记清晰，回路名称应准确。

（2）箱式变电站材质、颜色、防腐、防护等级应符合技术条件，各平面内外应该平整清洁、无裂纹、无划痕、无变形、铭牌字迹清晰，柜门应有密封措施。箱式变电站顶部及门缝隙等应无雨水渗入，内外涂层应完整、无损伤，有通风口的风口防护网完好，焊接构件的质量应符合要求。美式箱式变电站外观示意图如图 1-11 所示，欧式箱式变电站外观示意图如图 1-12 所示。

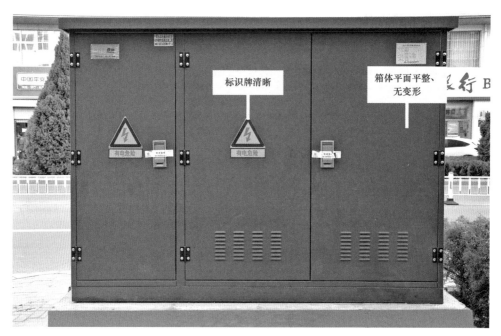

图 1-11　美式箱式变电站外观示意图

图 1-12　欧式箱式变电站外观示意图

（3）检查箱式变电站高压开关间隔是否满足"五防"功能要求。

（4）检查确认变压器充油部分无渗漏、油位正常，充气高压设备气压指示正常。绝缘瓷件、环氧树脂铸件、合成绝缘件应无损伤、缺陷及裂纹。充油管示意图如图 1-13 所示。

图 1-13 充油管示意图

（5）检查确认高压熔管撞击器安装方向正确，与熔座接触良好、安装牢固，熔断器额定电流与变压器容量匹配。高压撞击器示意图如图 1-14 所示。

图 1-14 高压撞击器示意图

（6）检查确认避雷器外观完好、无破损和裂纹。各相避雷器的型号、规格应一致，安装排列整齐。上、下铜引线截面积不小于 25mm²，引下线接地可靠。

（7）检查确认断路器、隔离开关、接地开关各种状态指示正确，手动分、合闸正常，操动机构动作平稳，无卡阻等异常情况。开关状态指示示意图如图 1-15 所示。

(a)

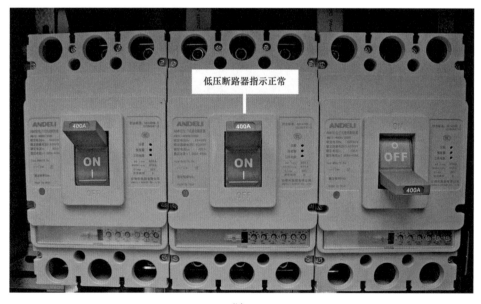

(b)

图 1-15　开关状态指示示意图

（a）高压部分；（b）低压部分

（8）各类仪表外观应完好，量程应符合要求。带电显示器外观应完好，无破损和裂纹。带电显示器示意图如图1-16所示。

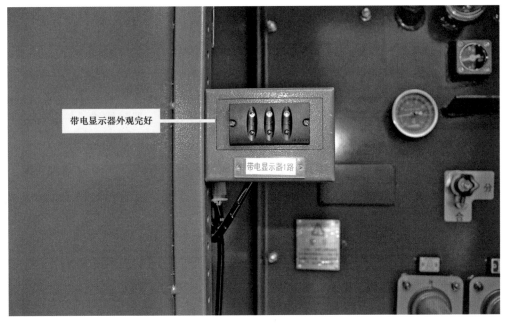

图1-16　带电显示器示意图

（9）箱壳内的高、低压室设照明灯具、变压器室散热、温控装置、防潮、防凝露及防火的技术措施应配置齐全。温度控制器示意图如图1-17所示。

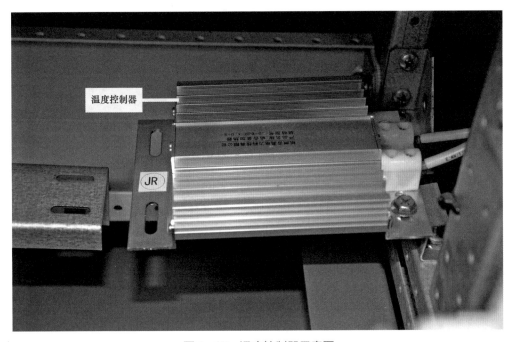

图1-17　温度控制器示意图

1.3.3 设备安装

1.3.3.1 本体安装

1. 施工质量要点

（1）变压器与封闭母线连接时，其套管中心线应与封闭母线中心线相符。变压器一、二次引线不应使变压器的套管直接承受应力。铜铝连接应有可靠过渡、满足载流量要求。相间绝缘防护设施应无破损。变压器一、二次接线的接触面应连接紧密，连接螺栓或压线螺钉应牢固。变压器母线安装示意图如图 1-18 所示，变压器母线绝缘护套安装示意图如图 1-19 所示。

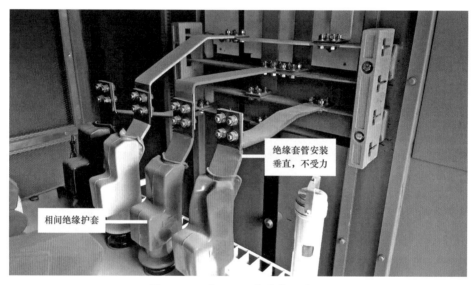

图 1-18 变压器母线安装示意图

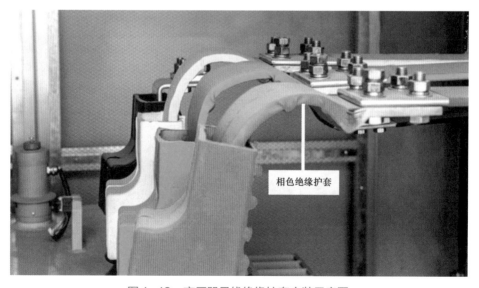

图 1-19 变压器母线绝缘护套安装示意图

（2）相序排列应准确、整齐、平整、美观，涂色正确。设备接线端、母线搭接或卡子、夹板处、明设地线的接线螺栓等两侧5～10mm处均不得涂刷相色漆。变压器相色安装示意图如图1-20所示。

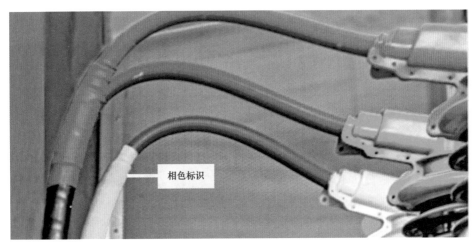

图1-20　变压器相色安装示意图

（3）箱式变电站与基础型钢或经热镀锌处理的型钢采用焊接时，焊接点间距不大于1.0m，焊接长度不小于100mm，每侧焊接点不少于两处，在焊接点刷涂防腐材料和面漆各一遍。

（4）通风口的风口防护网应符合设计要求且完好。

（5）预埋件及预留孔应符合设计要求，预埋件牢固。

（6）箱式变电站安装后，应留有足够的操作、巡视距离及平台，平台宽度不小于600mm。基础平台示意图如图1-21所示。

图1-21　基础平台示意图

（7）箱式变电站安装位置应满足防外力碰撞和消防要求。

（8）箱式变电站的配电箱、支架或外壳的接地应采用带有防松装置的螺栓连接，连接均应紧固可靠，紧固件齐全。元器件接地应采用螺栓与接地端子排连接。设备外壳接地示意图如图 1-22 所示。

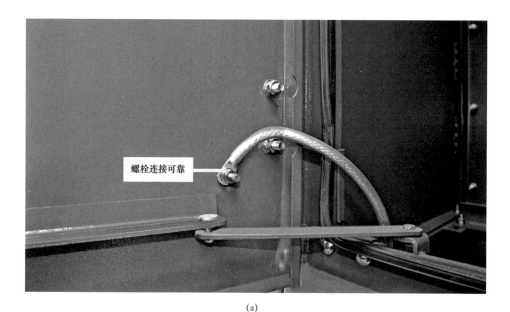

（a）

（b）

图 1-22　设备外壳接地示意图

（a）接地软连接；（b）接地硬连接

（9）变压器的低压侧中性点应直接与接地装置引出的接地干线进行连接，变压器箱体、干式变压器的支架或外壳应进行接地（PE 线或多股软铜线），且有标识。所有连接应可靠，紧固件及防松零件应齐全。变压器接地效果图如图 1-23 所示。

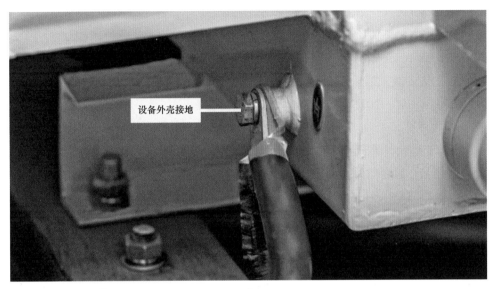

(a)

(b)

图 1-23　变压器接地效果图

（a）外壳接地；（b）柜体接地

2. 质量验收标准

（1）引用标准。

1）GB 50148—2010《电气装置安装工程 电力变压器、油浸电抗器、互感器施工及验收规范》。

2）Q/GDW 10370—2016《配电网技术导则》。

3）Q/GDW 1519—2014《配电网运维规程》。

4）Q/GDW 1643—2015《配网设备状态检修试验规程》。

5）Q/GDW 644—2011《配网设备状态检修导则》。

6）Q/GDW 645—2011《配网设备状态评价导则》。

（2）验收规范。

1）箱式变电站与基础型钢应充分接触，用塞尺检查间隙不大于 2mm，垂直度偏差不大于 1.5/1000。设备与基础型钢搭接效果图如图 1-24 所示。

图 1-24 设备与基础型钢搭接效果图

2）箱式变电站基础应高出安装地面且不小于 500mm。基础高度检测示意图如图 1-25 所示。

3）箱式变电站基础水平面应该平整，水平度偏差不大于 5mm。水平度检测示意图如图 1-26 所示。

4）安全标识牌、操作工器具、钥匙及备品备件应齐全；设备运行编号、相序标识等应正确齐全。

图1-25 基础高度检测示意图

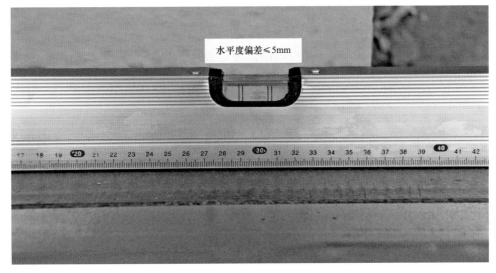

图1-26 水平度检测示意图

5）安装完毕后，要对箱式变电站各柜室进行全面检查，主要内容如下：核对图纸，查看设备元件、接线等是否与设计相符；检查相序是否正确。

6）调整"五防"机械闭锁装置，要求灵活、可靠；调整开关、接地开关，要求快速、可靠、接触良好。

1.3.3.2 附件安装

1. 施工质量要点

（1）电缆从基础下进入箱式变电站时，应有足够的弯曲半径。

（2）电缆头制作完毕后，应将预留电缆退入箱式变电站基础内摆放整齐。电缆摆放示意图如图 1-27 所示。

基础内电缆摆放整齐

图 1-27　电缆摆放示意图

（3）进入箱式变电站的三芯电缆应用电缆卡箍固定牢固，电缆卡箍位置也应尽量靠下，固定点应设在应力锥下和三芯电缆终端下部等部位。电缆固定示意图如图 1-28 所示。

图 1-28　电缆固定示意图

（4）电缆穿过零序电流互感器时，接地点应设在互感器远离接线端子侧。零序电流互感器安装效果图如图 1-29 所示。

接地点远离接线端子侧

图 1-29　零序电流互感器安装效果图

（5）在箱式变电站底部孔隙口及电缆周围应进行防火封堵，封堵应严密、牢固，无漏光、漏风、裂缝现象，表面光洁平整。防火封堵效果图如图 1-30 所示。

防火封堵密实、牢固

图 1-30　防火封堵效果图

（6）箱式变电站基础内电缆及对应间隔内的电缆终端头均应采用塑料扎带、捆绳等非导磁金属材料装设标识牌固定。标识牌安装效果图如图 1-31 所示。

（7）安装箱式变电站高压侧电缆时，应将预制式电缆头部分插入箱式变电站电缆套管，检查预制式电缆头应无应力且长度适中；然后将预制式电缆头完全插入箱式变电站电缆套管。

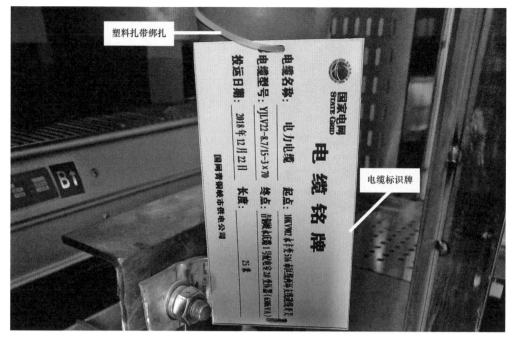

图 1-31 标识牌安装效果图

（8）安装箱式变电站低压侧电缆时，应将电缆头接线端子用固定螺栓挂在设备接线端上，检查电缆头接线端子应无应力且长度适中；然后将电缆头接线端子固定螺栓拧紧。固定螺栓应使用"两平一弹"（2个平垫圈、1个弹簧垫圈），接线端子安装效果图如图 1-32 所示。

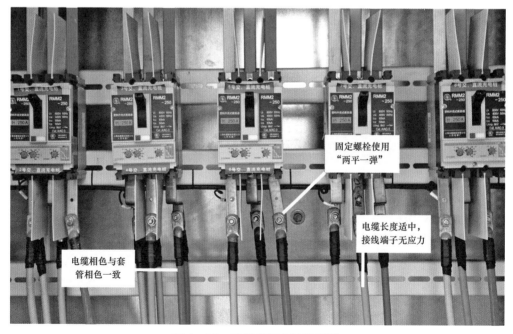

图 1-32 接线端子安装效果图

（9）电缆相色应与箱式变电站电缆套管相色一致。

2．质量验收标准

（1）引用标准。

1）GB 50148—2010《电气装置安装工程 电力变压器、油浸电抗器、互感器施工及验收规范》。

2）Q/GDW 10370—2016《配电网技术导则》。

3）Q/GDW 1519—2014《配电网运维规程》。

4）Q/GDW 1643—2015《配网设备状态检修试验规程》。

5）Q/GDW 644—2011《配网设备状态检修导则》。

6）Q/GDW 645—2011《配网设备状态评价导则》。

（2）验收规范。

1）在箱式变电站电缆进、出线孔处，用封堵材料进行封堵，厚度不小于 50mm，宽度大于孔径 50mm。

2）电缆接线端子压接时，端子平面方向应与母线套管铜平面平行。

3）电缆各相线芯应垂直对称，离套管垂直距离应不小于 750mm。

1.3.4 设备调试

1.3.4.1 施工质量要点

（1）依据国家电力行业试验标准，进行变压器直流电阻、短路阻抗、零序阻抗、分接开关、绕组变形测试及接地电阻测量等相关试验。

（2）变压器的试验项目和要求（见表 1—1）。

表 1—1　　　　　　　　　　　　变压器试验项目和要求

序号	交接试验项目	要求	说明
1	测量绕组连同套管的直流电阻	（1）测量应在各分接头的所有位置上进行； （2）各相测得值的相互差值应小于平均值的 4%，线间测得值的相互差值应小于平均值的 2%； （3）变压器的直流电阻与同温下产品出厂实测数值比较，相应变化不应大于 2%； （4）由于变压器结构等原因，差值超过上述第 2 条时，可只按第 3 条进行比较，但应说明原因	不同温度下电阻值按照下式换算：$R_2 = R_1(T+t_2)/(T+t_1)$（式中 R_1、R_2 分别为温度在 t_1、t_2 时的电阻计算用常数，铜导线取 235，铝导线取 225）
2	检查所有分接头的变压比	与技术协议及铭牌数据相比应无明显差别，且应符合变压比的规律	"无明显差别" 可按如下考虑： （1）电压等级在 35kV 以下，变压比小于 3 的变压器电压比允许偏差不超过 ±1%； （2）其他所有变压器额定分接下变压比允许偏差不超过 ±0.5%； （3）其他分接的变压比应在变压器阻抗电压值（%）的 1/10 以内，但不得超过 ±1%

序号	交接试验项目	要求	说明
3	检查变压器的三相接线组别和单相变压器引出线的极性	应与设计要求及铭牌上的标记和外壳上的符号相符	
4	测量绕组连同套管的绝缘电阻	绝缘电阻值不低于产品出厂试验值的70%	使用 2500V 绝缘电阻表测量 1min 时的绝缘电阻值。当测量温度与产品出厂试验时的温度不符合时,可按下述公式校正到20℃时的绝缘电阻值:当实测温度为20℃以上时 $R_{20}=AR_t$;当实测温度为20℃以下时 $R_{20}=R_t/A$(式中,R_{20} 为校正到20℃时的绝缘电阻值,R_t 为在测量温度下的绝缘电阻值,$A=1.5^{K/10}$)
5	绕组连同套管的交流耐压试验	10kV 电力变压器高压侧应进行交流耐压试验,试验电压按出厂值的 80%进行。油浸式变压器耐受电压 28kV(干式变压器耐受电压 24kV),频率范围 45~65Hz,时间 60s,试验中电压稳定无击穿和闪络	(1)变压器试验电压是根据 GB/T 1094.3—2017 规定的出厂试验电压乘以 0.8 制订的; (2)干式变压器出厂试验电压是根据 GB 1094.11—2007 规定的出厂试验电压乘以 0.8 制订的
6	相位检查	检查变压器的相位,应与电网相位一致	
7	接地电阻测试	符合设计要求	
8	SF_6 气体泄漏检测	单点检测泄漏值不大于 0.2×10^{-12}MPa·mL/s	(1)单点检测应采用灵敏度不低于 1×10^{-6}(体积比)检漏仪进行; (2)单点泄漏值超标时,可采用定量检测法进行复核,年泄漏率不得大于 0.5%
9	辅助回路和控制回路绝缘电阻测量	绝缘电阻不低于 1MΩ	用 1000V 绝缘电阻表
10	耐压试验	交流耐压或操作冲击耐压的试验电压为出厂试验电压值的 80%,当试验电压低于相关的规定值时,按相关的规定进行试验	(1)试验在 SF_6 气体额定压力下进行; (2)对 GIS 试验时不包括其中的电磁式电压互感器及避雷器,但在投运前应对它们进行电压值为最高运行电压的 5min 检查试验; (3)罐式断路器的耐压试验包括合闸对地和分闸断口间两种方式; (4)对定开距断路器和带有合闸电阻的断路器应进行断口间耐压试验
11	辅助回路和控制回路的交流耐压试验	试验电压为 2kV	(1)可用 2500V 绝缘电阻表代替; (2)耐压试验后的绝缘电阻值不应降低
12	断口间并联电容器的绝缘电阻、电容量和 $\tan\delta$ 测量	(1)瓷柱式断路器,与断口同时测量,测得的电容值和 $\tan\delta$ 与原始值比较,应无明显变化; (2)罐式断路器(包括 GIS 中的断路器)按制造厂规定	(1)投运前、大修时,对瓷柱式应测量电容器和断口并联后的整体电容值和 $\tan\delta$,作为该设备的原始数据; (2)对罐式断路器(包括 GIS 中的断路器)必要时进行试验,试验方法按制造厂规定; (3)电容量无明显变化时,$\tan\delta$ 仅作参考; (4)运行 15 年以上的断路器,试验周期缩短至 2 年

序号	交接试验项目	要求	说明
13	合闸电阻值和合闸电阻的投入时间测量	（1）除制造厂另有规定外，阻值变化允许范围不得大于±5%； （2）合闸电阻的提前投入时间按制造厂规定校核	
14	断路器的速度特性测试	测量方法和测量结果应符合制造厂规定	制造厂无要求时不测量
15	断路器的时间参量测试	断路器的分、合闸时间，主、辅触头的配合时间应符合制造厂规定。除制造厂另有规定外，断路器的分、合闸同期性应满足下列要求： （1）相间合闸不同期不大于5ms； （2）相间分闸不同期不大于3ms； （3）同相各断口间合闸不同期不大于3ms； （4）同相各断口间分闸不同期不大于2ms	在额定操作电压（气压、液压）下进行
16	分、合闸电磁铁的动作电压测试	（1）并联合闸脱扣器应能在其交流额定电压的85%～110%范围或直流额定电压的80%～110%范围内可靠动作；并联分闸脱扣器应能在其额定电源电压65%～120%范围内可靠动作，当电源电压低至额定值的30%或更低时不应脱扣； （2）在使用电磁机构时，合闸电磁铁线圈的端电压为操作电压额定值的80%（关合电流峰值大于50kA时为85%）时应可靠动作	采用突然加压法
17	导电回路电阻测量	（1）敞开式断路器的测量值不大于制造厂规定值的120%； （2）对GIS中的断路器按制造厂规定	用直流压降法测量，电流不小于100A
18	分、合闸线圈直流电阻测量	应符合制造厂规定	
19	SF_6气体密度继电器（包括整定值）检验	应符合JJG 52—2013《弹性元件式一般压力表、压力真空表和真空表检定规程》、JJG 544—2011《压力控制器》的规定	

1.3.4.2 引用标准

（1）GB 50148—2010《电气装置安装工程 电力变压器、油浸电抗器、互感器施工及验收规范》。

（2）GB 50169—2016《电气装置安装工程 接地装置施工及验收规范》。

（3）DL/T 596—1996《电力设备预防性试验规程》。

（4）Q/GDW 1643—2015《配网设备状态检修试验规程》。

（5）Q/GDW 1519—2014《配电网运维规程》。

1.3.5 竣工验收

1.3.5.1 竣工技术资料

竣工技术资料应内容完整、数据准确，并包括：施工中的有关协议及文件、安装工程量、工程说明、相关设计文件、设备材料明细表。

1.3.5.2 竣工图纸及其他文件资料

提交竣工图纸并提交下列资料和文件：

（1）施工图（包括全部工程施工及变更的图纸）；

（2）安装过程技术记录、缺陷及消缺记录；

（3）隐蔽工程施工记录、验收记录及工程签证；

（4）设计变更的证明文件（设计变更、洽商记录）；

（5）各种设备的制造厂提供的产品说明书、试验记录、合格证件及安装图纸等技术文件；

（6）工程安装技术记录（包括电气设备继电保护及自动装置的定值，元件整定、验收、试验、整体传动试验报告）；

（7）结构布置图及内部线缆连接图；

（8）设备参数、定值配置表，随工验收记录、现场验收结论；

（9）电气设备的调整、试验（交接试验）、验收记录；

（10）备品、备件及专用工具清单；

（11）安全工器具、消防器材清单；

（12）有关协议文件。

第2章 环 网 箱

2.1 方 案 选 取

采用 HA-2 方案（进线负荷开关，出线断路器），说明如下。

（1）主要技术原则：单母线接线，根据绝缘介质，可选用气体绝缘、固体绝缘，10kV进线选用负荷开关柜，馈线选用断路器柜，均带电动操动机构，采用电缆进出线。10kV系统配置。10kV系统配置图如图2-1所示。

一次主接线	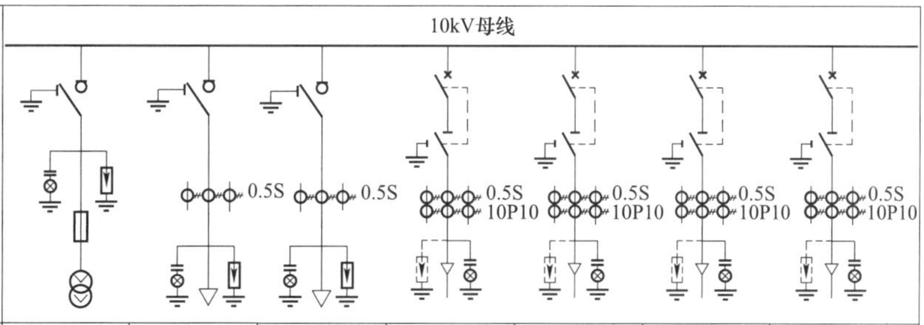 10kV母线						
开关柜编号	H1	H2	H3	H4	H5	H6	H7
开关柜名称	电压互感器柜	进线柜1	进线柜2	馈线柜1	馈线柜2	馈线柜3	馈线柜4
额定电流（A）	630	630	630	630	630	630	630
额定电压（kV）	12	12	12	12	12	12	12
负荷开关	630A, 20kA	630A, 20kA	630A, 20kA				
断路器				630A, 20kA	630A, 20kA	630A, 20kA	630A, 20kA
隔离/接地开关				1组	1组	1组	1组
熔断器	3只（1A）						
电压互感器（全绝缘）0.5级	2只 10/0.1/0.22kV 1kVA						
电流互感器		600/5	600/5	300/5	300/5	300/5	300/5
避雷器 YH5WZ-17/45	1组	1组	1组	1组	1组	1组	1组
带电显示器	1只	1只	1只	1只	1只	1只	1只
微机保护装置				1台	1台	1台	1台
气体压力表	1只/气箱						
故障指示器	1只	1只	1只	1只	1只	1只	1只

说明：1. 本方案10kV环网箱选用气体绝缘环网柜，环网柜的防护等级不低于IP41，电动操动机构及二次回路封闭装置的防护等级不应低于IP55。
2. 柜内开关配电动操动机构（采用DC48V）、辅助触点（另增6对动断、动合触点），满足配网自动化需求。
3. 柜内电流互感器一次电流应根据具体工程的实际需求配置，二次电流选用5A。电流互感器可选两相加零序或三相，和电缆线径相匹配。电流互感器测量精度0.5S 级，同时满足故障电流测量精度。
4. 馈线避雷器、故障指示器、温湿度控制器可根据工程情况选配。
5. 线路带电应闭锁接地开关。
6. 电压互感器容量、变压比、熔断器电流可按需配置。
7. 气体压力表预留接点供配网自动化使用。
8. 配套提供10kV预制式电缆终端及相应附件。

图2-1 10kV系统配置图

（2）适用范围：

1）适用 A+、A、B、C 类供电区域电缆网区域；

2）地势狭小、选址困难区域。

2.2 流 程 图

环网箱安装施工流程图如图 2-2 所示。

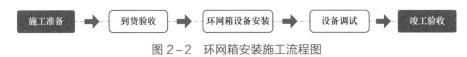

图 2-2 环网箱安装施工流程图

2.3 施 工 环 节

2.3.1 施工准备

（1）环网箱的设计、安装应符合有关国家标准和行业规范、规程及《国家电网公司配电网工程典型设计 10kV 配电站房分册（2016 年版）》的要求，推荐使用节能环保的设备。

（2）电气设备安装工程应按已批准的相关设计文件进行施工。涉及电网安全运行的新建或改建工程的设计图纸，须经运行管理单位审核。

（3）统一招标采购的设备和主材必须按照已经签订的招标订货技术条件进行验收。

（4）若到货的设备和主材不符合招标订货技术条件，应要求供货厂商整改。

2.3.2 到货验收

（1）检查产品型号、容量、规格、内部配置参数及接线方式，应与设计一致，内部接线完整、回路名称准确。

（2）环网箱材质、颜色、防腐、防护等级应符合技术规范要求，各平面内外应该平整清洁、无裂纹、无划痕、无变形、铭牌字迹清晰，柜门应有密封措施。环网箱顶部及门缝隙等应无雨水渗入，内外涂层应完整、无损伤，焊接构件的质量应符合要求。

（3）开关进行分、合闸操作时，机构应动作平稳，无卡阻等异常情况。环网箱外观示意图如图 2-3 所示。

（4）检查环网箱高压开关间隔是否满足"五防"功能要求。

（5）环网箱信号灯应完好且指示正确，气体柜气体压力表指示气压正常。

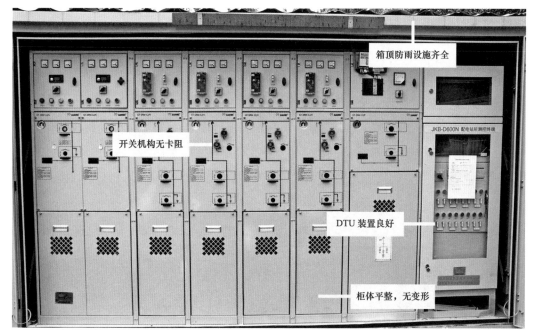

图 2-3　环网箱外观示意图

（6）环网箱各门开启、关闭应灵活，开启不小于 90°，并有定位装置，门上应装锁并有永久防雨水装置。箱门开启效果图如图 2-4 所示。

图 2-4　箱门开启效果图

2.3.3 设备安装

2.3.3.1 本体安装

1. 施工质量要点

（1）环网箱内设备与各构件间连接应牢固。

（2）环网箱安装时，其垂直度、水平度偏差应符合规定。水平度检测示意图如图2-5所示，垂直度检测示意图如图2-6所示。

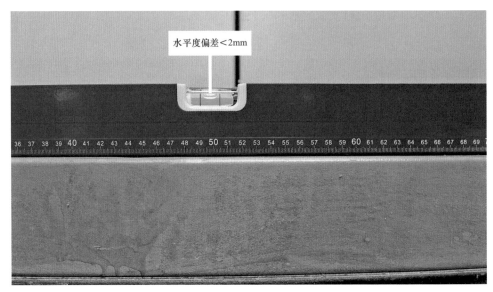

图2-5 水平度检测示意图

图2-6 垂直度检测示意图

（3）环网箱装有装置性设备或其他有接地要求的电器，其外壳应可靠接地。

（4）环网箱安装位置满足防外力碰撞和消防要求，箱体通风孔应通畅，设备连接端子不得承受连接电缆横向应力，接线图应与实际一致且参数准确。

（5）环网箱的接地装置应连接正确可靠（与箱体连接应采用螺钉连接并且螺栓应使用防松垫片），接地网与金属箱体连接应不少于 2 处且每处接触面不小于 160mm²，接地电阻应符合设计要求。接地装置安装效果图如图 2－7 所示。

图 2－7　接地装置安装效果图

2. 质量验收标准

（1）引用标准。

1）GB 50148—2010《电气装置安装工程　电力变压器、油浸电抗器、互感器施工及验收规范》。

2）Q/GDW 10370—2016《配电网技术导则》。

3）Q/GDW 1519—2014《配电网运维规程》。

4）Q/GDW 1643—2015《配网设备状态检修试验规程》。

5）Q/GDW 644—2011《配网设备状态检修导则》。

6）Q/GDW 645—2011《配网设备状态评价导则》。

（2）验收规范。

1）环网箱与基础型钢应充分接触，用塞尺检查间隙应不大于 2mm。箱体垂直度偏差应不大于 1.5/1000。塞尺测量示意图如图 2－8 所示。

2）基础应高出安装地面不小于 400mm。

3）基础水平面应该平整，水平度偏差应不大于 5mm/全长。

图 2-8 塞尺测量示意图

4）安全标识牌、操作工器具、钥匙应齐全，各进出电缆的标识牌、箱体编号（设备运行编号）、相序标识和备品备件等应配置正确、齐全。

2.3.3.2 附件安装

1. 施工质量要点

（1）电缆从基础下进入开关柜时应有足够的弯曲半径，能够垂直进入。

（2）电缆头制作完毕后，应将预留电缆退入环网箱基础内摆放整齐。电缆摆放示意图如图 2-9 所示。

图 2-9 电缆摆放示意图

（3）进入环网箱的三芯电缆应用电缆卡箍固定牢固；电缆卡箍位置也应尽量靠下，固定点应设在应力锥下和三芯电缆终端下部等部位。电缆固定示意图如图2-10所示。

图2-10 电缆固定示意图

（4）电缆穿过零序电流互感器时，接地点应设在互感器远离接线端子侧。

（5）环网箱底部在孔隙口及电缆周围应进行防火密实封堵，封堵应严密牢固，无漏光、漏风、裂缝现象，表面应光洁平整。

（6）环网箱基础内电缆及对应间隔内的电缆终端头均应采用塑料扎带、捆绳等非导磁金属材料装设标识牌固定。

（7）安装电缆终端时，应将电缆头部分插入箱体电缆套管，检查电缆头应无应力且长度适中；然后将电缆头完全插入箱体电缆套管。电缆终端安装效果图如图2-11所示。

图2-11 电缆终端安装效果图

（8）电缆相色应与箱体电缆套管相色一致。

（9）电缆各相间距应均等，边相弧度应一致。电缆各相间距安装效果图如图 2-12 所示。

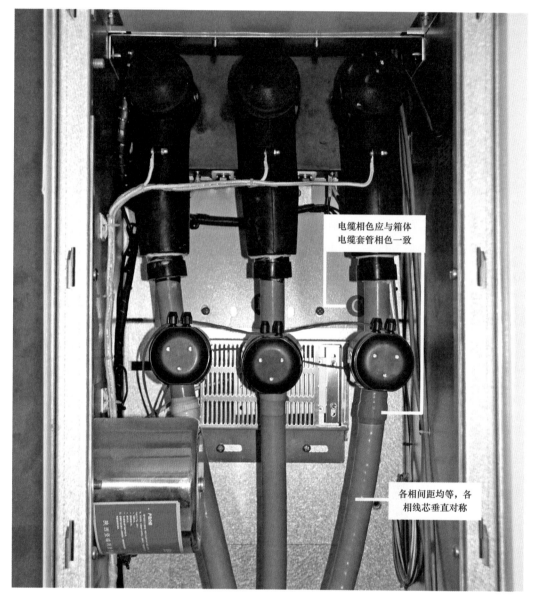

图 2-12　电缆各相间距安装效果图

2. 质量验收标准

（1）引用标准。

1）Q/GDW 10370—2016《配电网技术导则》。

2）Q/GDW 1519—2014《配电网运维规程》。

3）Q/GDW 1643—2015《配网设备状态检修试验规程》。

4）Q/GDW 644—2011《配网设备状态检修导则》。

5）Q/GDW 645—2011《配网设备状态评价导则》。

（2）验收规范。

1）接地网与基础型钢连接、基础型钢与引进箱内的接地扁钢连接应有 2 个焊接点。接地扁钢安装效果图如图 2－13 所示，接地固定示意图如图 2－14 所示。

图 2－13　接地扁钢安装效果图

图 2－14　接地固定示意图

2）在环网箱进、出线孔处，应用封堵材料进行封堵，厚度不小于 50mm，宽度大于孔径 50mm。电缆封堵效果图如图 2-15 所示。

图 2-15　电缆封堵效果图

3）电缆接线端子压接时，接线端子平面方向应与母线套管铜平面平行。

4）电缆各相线芯应垂直对称，离套管垂直距离应不小于 750mm。

2.3.4　设备调试

2.3.4.1　施工质量要点

（1）依据国家电力行业试验标准，进行环网箱绝缘电阻、交流耐压、导电回路电阻、合闸电磁铁线圈的操作电压等相关试验。

（2）环网箱的试验项目和要求（见表 2-1）。

表 2-1　　　　　　　　　　　　　　环网箱试验项目和要求

序号	交接试验项目	要求	说明
1	绝缘电阻测量	（1）整体绝缘电阻值自行规定。 （2）用有机物制成的拉杆的绝缘电阻值不应低于下列数值： 1）大修后 1000MΩ； 2）运行中 300MΩ； 3）控制回路绝缘电阻值不小于 2MΩ	一次回路用 2500V 绝缘电阻表；控制回路用 500V 或 1000V 绝缘电阻表
2	交流耐压试验	试验电压值为 42kV×0.8	试验在主回路对地及断口间进行
3	导电回路电阻测量	（1）投运前和大修后，应符合制造厂规定； （2）运行中根据实际情况规定	用直流压降法测量，电流值不小于 100A

序号	交接试验项目	要求	说明
4	合闸电磁铁线圈的操作电压测试	在制造厂规定的电压范围内应可靠动作	
5	合闸时间，分闸时间，三相触头分、合闸同期性测试	应符合制造厂规定	在额定操作电压下进行
6	合闸电磁铁线圈和分闸线圈直流电阻测量	应符合制造厂规定	
7	利用远方操作装置检查分段器的动作情况	按规定操作顺序在试验回路中操作 3 次，动作应正确	
8	SF_6 气体泄漏试验	单点检测泄漏值不大于 0.2×10^{-12}MPa·mL/s	（1）单点检测应采用灵敏度不低于 1×10^{-6}（体积比）检漏仪进行。（2）单点泄漏值超标时，可采用定量检测法进行复核，年泄漏率不得大于 1%
9	绝缘油击穿电压试验	大修后：≥35kV；运行中：≥30kV	

2.3.4.2 引用标准

（1）GB 50169—2016《电气装置安装工程 接地装置施工及验收规范》。

（2）DL/T 596—1996《电力设备预防性试验规程》。

（3）Q/GDW 1643—2015《配网设备状态检修试验规程》。

（4）Q/GDW 1519—2014《配电网运维规程》。

2.3.5 竣工验收

2.3.5.1 竣工技术资料

竣工技术资料应内容完整、数据准确，并包括：施工中的有关协议及文件、安装工程量、工程说明、相关设计文件、设备材料明细表。

2.3.5.2 竣工图纸及其他文件资料

提交竣工图纸并提交下列资料和文件：

（1）施工图（包括全部工程施工及变更的图纸）；

（2）安装过程技术记录、缺陷及消缺记录；

（3）隐蔽工程施工记录、验收记录及工程签证；

（4）设计变更的证明文件（设计变更、洽商记录）；

（5）各种设备的制造厂提供的产品说明书、试验记录、合格证件及安装图纸等技术文件；

（6）工程安装技术记录（包括电气设备继电保护及自动装置的定值，元件整定、验收、试验、整体传动试验报告）；

（7）结构布置图及内部线缆连接图；

（8）设备参数、定值配置表，"三遥"信息表、随工验收记录、现场验收结论；

（9）电气设备的调整、试验（交接试验）、验收记录；

（10）备品、备件及专用工具清单；

（11）安全工器具、消防器材清单；

（12）有关协议文件。

2.3.5.3 蓄电池、二次回路分项工程质量验收

（1）蓄电池安装分项工程质量验收标准（见表2-2）。

表2-2 蓄电池安装分项工程质量验收标准

工序	检验项目	性质	质量标准
容器检查	外观检查		无损伤、裂纹
	附件清点		齐全
	正负极端柱的极性	主要	正确
	槽盖密封		良好
	容器表面清洁度		无尘土油污
	电池连接条及紧固件		完好、齐全
蓄电池安装	蓄电池安装	主要	平稳、间距均匀
	同一排、列蓄电池		高低一致，排列整齐
	抗振设施（有抗振要求时）		按有关规定，牢固可靠
	连接条与端子连接	主要	正确、紧固，接触部位涂有电力复合脂
	蓄电池编号		齐全、清晰
其他	电缆与蓄电池连接	主要	正确、紧固
	电缆引出线极性标志	主要	正确
	电缆孔洞封堵		用耐酸材料密封

（2）二次回路检查及接线分项工程质量验收标准（见表2-3）。

表2-3 二次回路检查及接线分项工程质量验收标准

工序	检验项目	性质	质量标准
导线检查	导线外观	主要	绝缘完好，无中间接头
	导线连接（螺接、插接、焊接或压接）	主要	牢固、可靠
	导线配置	主要	按背面接线图
	接线端部标志		清晰正确，且不宜脱色
	盘内配线绝缘等级		耐压不小于500V

工序	检验项目		性质	质量标准
导线检查	盘内配线截面积	电流回路		≥2.5mm²
		信号、电压回路		≥1.5mm²
		弱电回路		在满足载流量和电压降以及机械强度情况下不小于 0.5mm²
	用于可动部位的导线		主要	多股软铜线
控制电缆接线	控制电缆接引			按设计规定
	线束绑扎松紧和形式			松紧适当、匀称，形式一致
	导线束的固定			牢固
	每个接线端子上并接线芯数			≤2 根
	备用芯预留长度			至最远端子处
	导线接引处预留长度			适当，且各导线余量一致
	电气回路连接（螺接、插接、焊接或压接）			紧固可靠
	导线芯线端部弯圈			顺时针方向，且大小合适
	多股软导线端部处置		主要	加终端附件
	紧固件配置			齐全，且导线截面相匹配
	二次回路连接件		主要	铜质制品
	导线端部标志		主要	正确、清晰，不易脱色
	接地检查	二次回路	主要	设有专用螺栓
		屏蔽电缆		屏蔽层按设计规定可靠接地
	裸露部分对地距离		主要	5mm
	裸露部分表面漏电距离			6mm

第3章 环 网 室

3.1 方 案 选 取

3.1.1 HB-1方案（单母线分段，户内单列布置）

（1）主要技术原则：单母线分段接线，10kV进线2回，馈线12回，进线选用空气绝缘负荷开关柜，馈线选用负荷开关柜或断路器柜，户内单列布置，采用电缆进出线。10kV系统配置图如图3-1所示（站用变压器简称站用变）。

（2）适用范围：

1）适用于A+、A、B、C类供电区域；

2）站址选择应接近负荷中心，利于用户接入，并充分考虑防潮、防洪、防污秽等要求。

3.1.2 HB-2方案（单母线分段，户内双列布置）

（1）主要技术原则：单母线分段接线，10kV进线4回，馈线12回，进线选用空气绝缘负荷开关柜，馈线选用负荷开关柜或断路器柜，户内双列布置，采用电缆进出线。10kV系统配置图如图3-2所示。

（2）适用范围：

1）适用于A+、A、B、C类供电区域；

2）站址选择应接近负荷中心，利于用户接入，并充分考虑防潮、防洪、防污秽等要求。

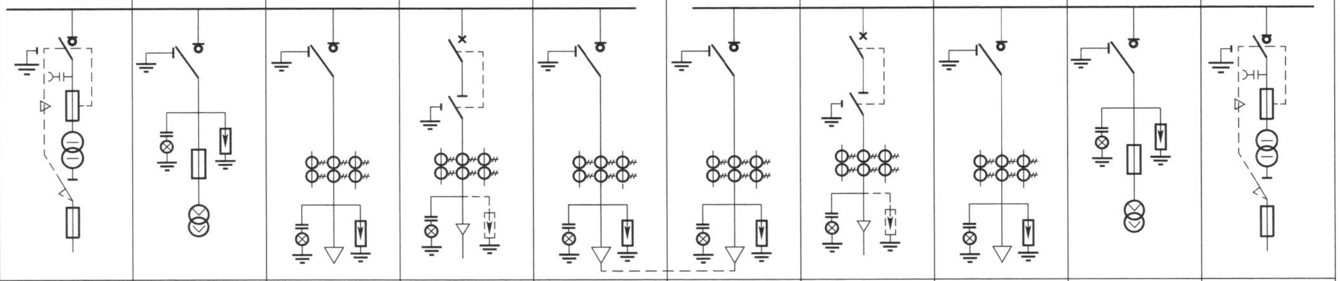

开关柜编号	G1	G2	G3	G4~9	G10	G11	G12~17	G18	G19	G20
	10kV I段母线	630A							10kV II段母线	630A
开关柜名称	I段站用变柜	电压互感器柜1	进线柜1	出线柜1~6	分段柜1	分段柜2	出线柜7~12	进线柜2	电压互感器柜2	II段站用变柜
额定电流(A)	630	630	630	630	630	630	630	630	630	630
额定电压(kV)	12	12	12	12	12	12	12	12	12	12
负荷开关	630A, 20kA	630A, 20kA							630A, 20kA	630A, 20kA
断路器			630A, 20kA	630A, 20kA	630A, 20kA	630A, 20kA	630A, 20kA	630A, 20kA		
隔离/接地开关				1组			1组			
熔断器	10/2A、0.22/63A									10/2A、0.22/63A
电流互感器0.5级		1A	600/5	300/5	600/5	600/5	300/5	600/5	1A	
电压互感器 0.5S级/10P10		10/0.1kV、50VA							10/0.1kV、50VA	
避雷器 YH5WZ-17/45		1组	1组	1组	1组	1组	1组	1组	1组	1组
带电显示器		1组	1组	1组	1组	1组	1组	1组	1组	1组
电动操动机构			1套	1套	1套	1套	1套	1套		
微机保护装置				1套			1套	1套		
干式变压器	10/0.22kV、15kVA									10/0.22kV、15kVA
数显表	1只	1只	1只	1只	1只	1只	1只	1只	1只	1只
柜体尺寸（宽×深）(mm)	750×850	750×850	500×850	500×850	500×850	500×850	500×850	500×850	750×850	750×850

图 3-1　10kV系统配置图

说明：1. 本方案柜型选用空气绝缘开关柜，当选用其他铠装型柜型时，设备基础尺寸需作适当调整。开关柜的防护等级不低于IP41。
2. 柜内开关配电动操动机构、辅助触点（另增6对动断、动合触点），满足配电自动化要求。
3. 柜内电流互感器一次电流应根据实际需求配置，数量可根据工程情况选配；空气绝缘柜另应设装加热器。
4. 出线电流互感器、故障指示器可根据实际情况配；故障指示器另应装设加热器。
5. 对于不允许合环操作的场所，进线柜与分段柜应采取电气或机械闭锁措施。
6. 线路带电闭锁接地开关。
7. 电压互感器加序或两相加序，变压器电流可按需配置。
8. 电流互感器配置选择两相加零序互感器加序，电缆线路径按需配置。
9. 断路器配置微机保护装置。
10. 站用电、照明系统优先取自站自用变低压侧，也可就近取自系统0.4kV电源，不具备条件时可选用电压互感器柜供电。

图 3-2 10kV 系统配置图

	10kV I段母线			630A			630A		10kV II段母线	
一次主接线	(图)	(图)	(图)	(图)	(图)	(图)	(图)	(图)	(图)	(图)
开关柜编号	G1	G2	G3	G4	G5~10	G11~16	G17	G18	G19	G20
开关柜名称	I段站用变柜	电压互感器柜1	进线柜1	进线柜2	馈线柜1~6	馈线柜7~12	进线柜3	进线柜4	电压互感器柜2	II段站用变柜
额定电流 (A)	630	630	630	630	630	630	630	630	630	630
额定电压 (kV)	12	12	12	12	12	12	12	12	12	12
负荷开关	630A, 20kA	630A, 20kA							630A, 20kA	630A, 20kA
断路器			630A, 20kA	630A, 20kA	630A, 20kA	630A, 20kA	630A, 20kA	630A, 20kA		
隔离/接地开关					1组	1组				
熔断器	10/2A, 0.22/63A	1A							1A	10/2A, 0.22/63A
电压互感器 0.5级		10/0.1kV, 50VA							10/0.1kV, 50VA	
电流互感器 0.5S级/10P10			600/5	600/5	300/5	300/5	600/5	600/5		
避雷器 YH5WZ-17/45	1组									1组
带电显示装置		1组	1组	1组	1组	1组	1组	1组	1组	
电动操动机构		1组	1组	1组	1组	1组	1组	1组	1组	
微机保护装置			1套	1套	1套	1套	1套	1套		
干式变压器	10/0.22kV, 15kVA				1套	1套				10/0.22kV, 15kVA
数显表	1只	1只	1只	1只	1只	1只	1只	1只	1只	1只
柜体尺寸 (宽×深)(mm)	750×850	750×850	500×850	500×850	500×850	500×850	500×850	500×850	750×850	750×850

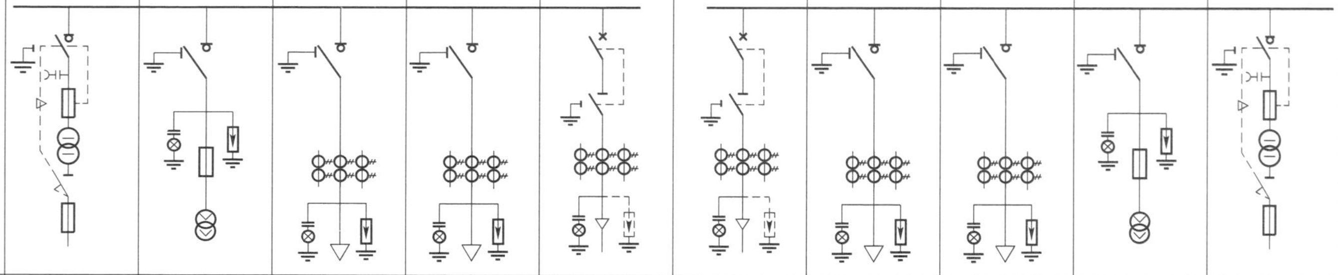

说明：
1. 本方案柜型选用空气绝缘开关柜，当选用其他紧凑型柜型时，设备基础尺寸需适当调整。开关柜的防护等级不低于 IP41。
2. 柜内开关配电动操动机构、辅助开关 6 对动断、动合触点，当选用其他柜型（另增 6 对动断、动合触点）、数量可按电自动化要求。
3. 柜内电流互感器一次电流应根据具体工程的实际需求配置，满足配电自动化要求。
4. 馈线回路电应就地接地开关。故障指示器可根据工程情况选配；空气绝缘柜应根据工程需要，选配 2 只或 3 只。
5. 电压带电显示器、变压比。
6. 电压互感器容量、变压比、电缆线径可按需配置。
7. 电流互感器配置两相或零序电流，电缆线径按需配置。
8. 断路器柜配置微机保护装置。
9. 站用电、照明系统优先取自站用变低压侧，也可就近取自系统 0.4kV 电源，不具备条件时可选用电压互感器柜供电。

42

3.2 流 程 图

环网室安装施工流程图如图 3−3 所示。

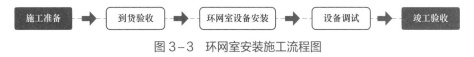

图 3−3 环网室安装施工流程图

3.3 施 工 环 节

3.3.1 施工准备

（1）高压配电装置的设计、安装应符合有关国家标准和行业规范、规程及《国家电网公司配电网工程典型设计 10kV 配电站房分册（2016 年版）》的要求，推荐使用节能环保的设备。

（2）电气设备安装工程应按已批准的相关设计文件进行施工。涉及电网安全运行的新建或改建工程的设计图纸，须经运行管理单位审核。

（3）统一招标采购的设备和主材必须按照已经签订的招标订货技术规范进行验收。

（4）若到货的设备和主材不符合招标订货技术规范，应要求供货厂商整改。

3.3.2 到货验收

（1）环网柜按照装箱单核对备品备件是否齐全，电器元件型号应符合设计图纸及设计要求。

（2）环网柜应外观完好、漆面完整，无划痕、脱落，框架无变形，装在盘、柜上的电器元件应无损坏。

（3）环网柜各柜门标识牌应明确清晰，箱体门和柜门打开后大于 90°，开闭自如，锁具应配置齐备。

（4）空气绝缘环网柜内避雷器应外观完好，无破损、裂纹。各相避雷器的型号、规格应一致，安装排列应整齐，铜引线截面积应不小于 $25mm^2$，接地连接应可靠。

（5）环网柜内接线端子排连线端部均应标明回路编号，编号必须正确，字迹清晰且不易脱色，二次控制回路使用的 BV 导线截面积不应小于 $2.5mm^2$。

（6）环网柜若是采用 SF_6 充气式，须检查充气设备压力指示是否正常。

（7）设备本体活动部件应动作灵活、可靠，传动装置动作应正确，现场试操作 3 次。

（8）检查空气绝缘环网柜机械闭锁是否满足"五防"要求。

3.3.3 设备安装

3.3.3.1 环网柜本体安装

1. 施工要点

（1）依据电气安装图，核对主进线柜与进线套管位置是否相对应，并将进线柜定位，柜体应符合：垂直度偏差小于 1.5mm/m，最大偏差小于 3mm；侧面垂直度偏差小于 2mm。环网室安装效果图如图 3-4 所示。

图 3-4 环网室安装效果图

（2）相对排列的柜应以跨越母线柜为准，进行对面柜体的就位，保证两柜相对应，其左右偏差应小于 2mm。

（3）其他柜质量要求应符合：垂直度偏差小于 1.5mm/m；水平偏差，相邻两盘顶部小于 2mm，成列盘顶部小于 5mm；盘间不平偏差，相邻两盘边小于 1mm，成列盘面小于 5mm；盘间接缝小于 2mm。盘间接缝测量示意图如图 3-5 所示，盘间偏差测量示意图如图 3-6 所示，垂直度测量示意图如图 3-7 所示。

（4）整体安装后各尺寸应符合规程规范要求，柜体与基础型钢应采用螺栓连接并固定牢固。

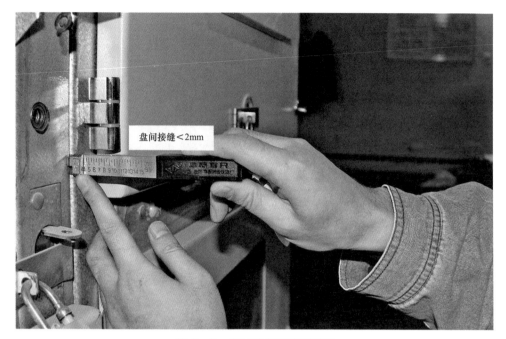

图 3-5　盘间接缝测量示意图

图 3-6　盘间偏差测量示意图

图3-7 垂直度测量示意图

（5）柜内接地母线与接地网可靠连接，接地材料规格不小于设计规定，每段柜接地引下线不少于2点。

（6）环网柜"五防"装置齐全、符合相应逻辑关系，"五防"装置动作可靠。

（7）柜、屏的金属框架及基础型钢应接地（PE）可靠；装有电器的可开启门和框架的接地端子间应用软铜线连接，软铜线截面积不应小于2.5mm²，还应满足机械强度的要求，并做好标识。软铜线安装效果图如图3-8所示。

图3-8 软铜线安装效果图

（8）接地连接线的弯曲不能采用热处理，弯曲半径应符合规程要求，弯曲部位应无裂痕、变形。

（9）接地连接线刷漆颜色为黄绿相间，其顺序为：从左至右为先黄后绿，从里至外为先黄后绿。接地扁钢安装效果图如图 3-9 所示。

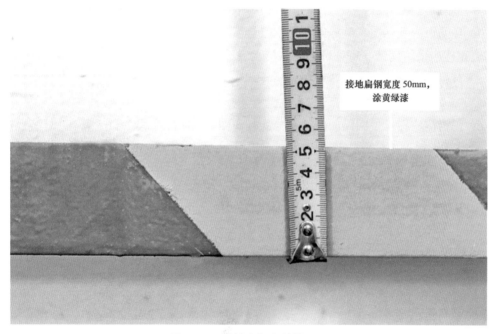

接地扁钢宽度50mm，涂黄绿漆

图 3-9　接地扁钢安装效果图

（10）接地网的接地电阻值及其他测试参数应符合设计规定。

（11）当建筑物与高压柜共同使用建筑物接地网时，建筑物接地网应满足环网柜对接地网的阻值和动热稳定的要求。建筑物接地网与环网室至少应有 4 个方向的连接。

（12）环网柜的设备型钢应符合：设备型钢的垂直度偏差应不大于 1mm/m，全长不大于 5mm；设备型钢的水平度偏差应不大于 1mm/m，全长不大于 5mm；设备型钢的位置误差及平行度全长应不大于 5mm。

（13）基础型钢与接地母线连接，应将接地扁钢引入并与基础型钢两端焊牢。焊缝长度为接地扁钢宽度的 2 倍，三面施焊。

2. 质量验收标准

（1）引用标准。

1）GB 50147—2010《电气装置安装工程　高压电器施工及验收规范》。

2）GB 50149—2010《电气装置安装工程　母线装置施工及验收规范》。

3）GB 50169—2016《电气装置安装工程　接地装置施工及验收规范》。

（2）验收规范。

1）环网柜评定、试验记录，制造厂提供的产品说明书、试验记录、合格证及安装图纸文件等技术文件，施工图及变更设计的文件应齐全。

2）环网柜与基础应固定可靠，柜、屏相互间以及与基础型钢应用镀锌螺栓连接，且防松动零件齐全。

3）每段基础型钢的两端应有明显的接地，基础型钢与接地母线连接，应将接地扁钢引入并与基础型钢两端焊牢。焊缝长度为接地扁钢宽度的 2 倍，三面施焊。

4）环网柜内互感器、避雷器等设备应与环网柜本体可靠接地，环网柜本体与站内接地装置相连应采用扁钢，每处设备的连接点应不少于 2 处。

5）环网柜内电气"五防"装置应齐全、符合相应逻辑关系，"五防"装置动作应灵活可靠。

6）门内侧应标出主回路的线路图一次接线图，注明操作程序和注意事项，各类指示标识应显示正常。

7）相邻环网柜以每列第一面柜为准对齐，使用厂家专配并柜螺栓连接，调整好柜间缝隙后，紧固底部连接螺栓和相邻柜间连接螺栓。连接螺栓安装效果图如图 3-10 所示。

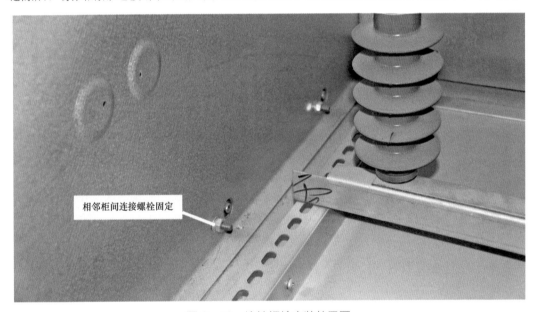

图 3-10　连接螺栓安装效果图

8）主母线连接孔应为长条孔，以调整间隙与应力。柜内母线平置时，贯穿螺栓应由下往上穿，螺母应在上方；其余情况下，螺母应置于维护侧，连接螺栓长度宜露出螺母 2~3 扣。连接螺栓安装效果图如图 3-11 所示。

9）主母线搭接部位应安装绝缘护罩，柜内主母线及引下线须采用阻燃的母线绝缘套管包封。

10）控制电缆的绝缘水平宜选用 450V 与 750V，控制电缆宜选用铜芯电缆，并应留有适当的备用芯并加装封套，不同截面的电缆，电缆芯数应符合规定。

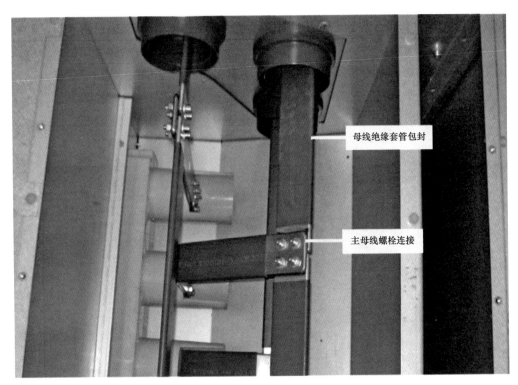

母线绝缘套管包封

主母线螺栓连接

图 3-11 连接螺栓安装效果图

11）二次回路线应标示清晰、横平竖直、整齐美观、捆扎一致。二次回路线安装效果图如图 3-12 所示。

二次回路捆扎

二次回路标识清晰

图 3-12 二次回路线安装效果图

12）柜内控制电缆应固定牢固。控制电缆固定效果图如图3-13所示。

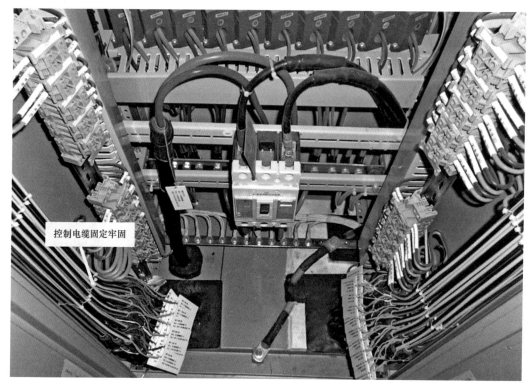

控制电缆固定牢固

图3-13　控制电缆固定效果图

13）调整好柜间缝隙后，紧固底部连接螺栓和相邻柜间连接螺栓。

14）整体安装完成后，各尺寸应符合规程规范要求，柜体与基础型钢应固定牢固。

3.3.3.2　站用变压器安装

1. 施工要点

（1）安装干式变压器时，室内相对湿度宜保持在70%以下。

（2）当利用机械牵引变压器时，牵引的着力点应在设备重心以下，运输角度不得超过15°。

（3）变压器就位时，应注意其方位和距墙尺寸应与图纸相符，允许偏差为±25mm。图纸无标注时，纵向按轨道定位，横向距离不得小于800mm，距门不得小于1000mm。

（4）干式变压器的电阻温度计导线应加以适当的附加电阻，校验调试后方可使用。

（5）干式变压器软管不得有压扁或死弯，弯曲半径不小于50mm，富余部分应盘圈并固定在温度计附近。变压器安装效果图如图3-14所示。

图 3-14 变压器安装效果图

（6）变压器一、二次引线的施工，不应使变压器的套管直接承受应力。

（7）变压器中性点的接地回路中，靠近变压器处宜做一个可拆卸的连接点。

2. 质量验收标准

（1）引用标准：GB 50148—2010《电气装置安装工程 电力变压器、油浸电抗器、互感器施工及验收规范》。

（2）验收规范。

1）变压器评定、试验记录，制造厂提供的产品说明书、试验记录、合格证及安装图纸文件等技术文件，施工图及变更设计的文件应齐全。

2）基础应符合设计图纸要求。

3）基础固定应采用螺栓连接且连接牢固、牢靠。

4）外壳及中性点与主接地网应采用多股软铜线连接。

5）所有连接螺栓应牢固。

6）外壳应完好，铭牌应设在外壳上显目位置，高低压侧应有明显标识。铭牌安装效果图如图 3-15 所示。

7）与高、低压柜连接的母排相位应正确，应有相色漆或色标，连接可靠。母排安装效果图如图 3-16 所示。

8）应有温度控制器且完好，并对温度控制器进行 220V 通电调试正常。

9）绝缘件应无裂纹、缺损等缺陷，外表应清洁，测温仪表指示应准确。

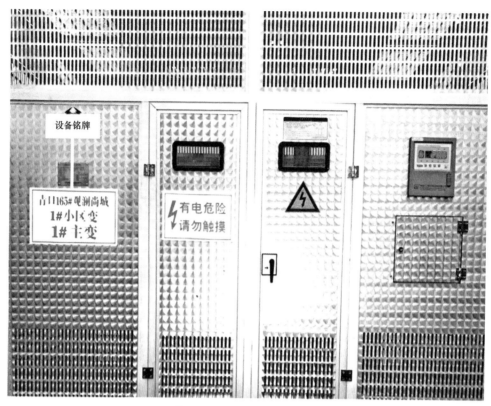

图 3-15 铭牌安装效果图

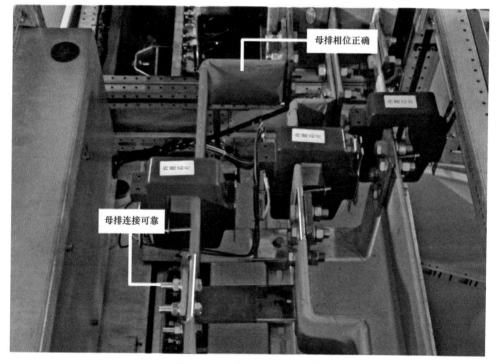

图 3-16 母排安装效果图

3.3.3.3 二次屏（柜）本体安装

1. 施工要点

（1）屏（柜）型钢基础水平度偏差不大于 1mm/m，全水平偏差不大于 2mm/m。

（2）屏（柜）型钢基础垂直度偏差不大于 1mm/m，全长偏差不大于 5mm/m。

（3）屏（柜）位置型钢基础偏差及不平行度全长小于 5mm。设备基础制作示意图如图 3-17 所示。

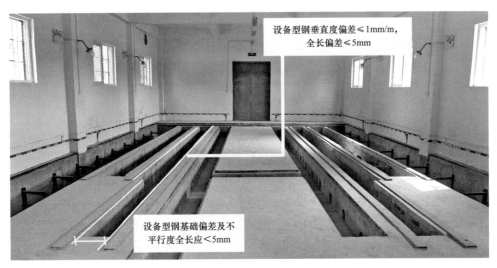

图 3-17　设备基础制作示意图

（4）屏（柜）型钢与主接地网应连接可靠。

（5）屏（柜）进入户内应采取防护措施对门、窗和地面等成品进行保护。

（6）户内屏（柜）固定应采用基础型钢上钻孔后螺栓固定，不宜使用焊接方式。

（7）相邻屏（柜）应以每列第一面柜为准对齐，使用厂家专配并柜螺栓连接，调整好柜间缝隙后，紧固底部连接螺栓和相邻柜间连接螺栓。螺栓连接效果图如图 3-18 所示。

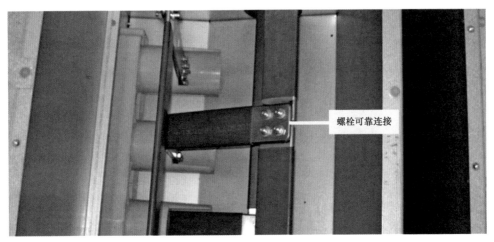

图 3-18　螺栓连接效果图

（8）成列盘（柜）顶部偏差应小于5mm，盘（柜）面偏差应满足：相邻两盘边小于1mm，成列盘面小于5mm，盘（柜）间接缝小于2mm。盘（柜）安装效果图如图3-19所示，盘（柜）间接缝检测示意图如图3-20所示。

图3-19　盘（柜）安装效果图

图3-20　盘（柜）间接缝检测示意图

（9）所有屏（柜）应安装牢固，外观完好、无损伤，内部电器元件应固定牢固。

（10）屏（柜）框架和底座应接地良好。

（11）屏（柜）内二次接地铜排应用专用接地铜排可靠连接，可开启门应用软铜线可靠接地。

（12）室内试验接地端子应标示清晰。接地标识示意图如图3-21所示。

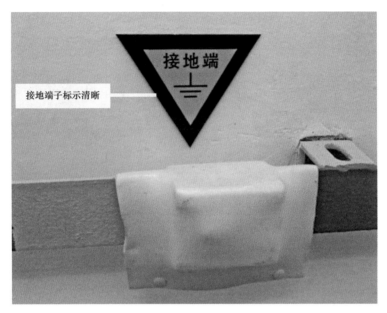

图3-21　接地标识示意图

2. 质量验收标准

（1）引用标准。

1）GB 50171—2012《电气装置安装工程　盘、柜及二次回路接线施工及验收规范》。

2）GB 50254—2014《电气装置安装工程　低压电器施工及验收规范》。

3）GB 50169—2016《电气装置安装工程　接地装置施工及验收规范》。

（2）验收规范。

1）检验、评定记录，制造厂提供的产品说明书、试验记录、合格证及安装图纸文件等技术文件，施工图及变更设计的文件齐全。

2）盘面应平整，盘上标识正确齐全、清晰、不易脱色，屏柜内空气开关、熔断器位置应正确，所有电器元件应紧固。

3）备品、备件及专用工器具应齐全。

3.3.3.4　直流设备安装

1. 施工质量要点

（1）盘（柜）的平面布置应符合设计和厂家的要求，盘（柜）应固定牢固，应符合设计及规范要求。

（2）蓄电池支架应固定牢固，水平度偏差应小于±5mm。蓄电池盘（柜）安装效果图如图3-22所示。

图3-22 蓄电池盘（柜）安装效果图

（3）蓄电池连接线处清洁后应涂电力复合脂，使用扳手紧固时要防止短路。

（4）蓄电池安装后应进行编号，编号应清晰、齐全。蓄电池安装效果图如图 3-23 所示，蓄电池编号效果图如3-24所示。

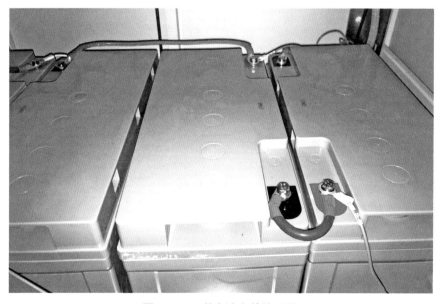

图3-23 蓄电池安装效果图

图 3-24　蓄电池编号效果图

（5）蓄电池组应进行容量充放电试验，第一次放电容量应不小于 95% 的额定容量。

2. 质量验收标准

（1）引用标准。

1）GB 50171—2012《电气装置安装工程　盘、柜及二次回路接线施工及验收规范》。

2）GB 50172—2012《电气装置安装工程　蓄电池施工及验收规范》。

（2）验收规范。

1）施工图及变更设计，安装记录、充放电记录、直流接地支路对照表，制造厂提供的产品说明书、试验记录、合格证等技术文件应齐全。

2）系统应绝缘良好、接线可靠、工艺美观，充放电装置运行良好，参数设置正确，系统接线方式应正确，运行方式转换应正确、可靠，盘表指示正确，直流接地检测装置应动作正确。

3.3.3.5　附件安装

1. 施工质量要点

（1）电缆从基础下进入环网柜时应有足够的弯曲半径，能够垂直进入。

（2）电缆头制作完毕后，应将预留电缆退入柜体下面的电缆层内。

（3）应将电缆接线端子用固定螺栓挂在设备接线端上，检查电缆接线端子应无应力且长度适中。

（4）应将电缆接线端子固定螺栓拧紧，固定螺栓应使用"两平一弹"。

（5）在环网柜间隔进、出线孔处，应用封堵材料进行封堵。电缆附件安装效果图如图 3-25 所示。

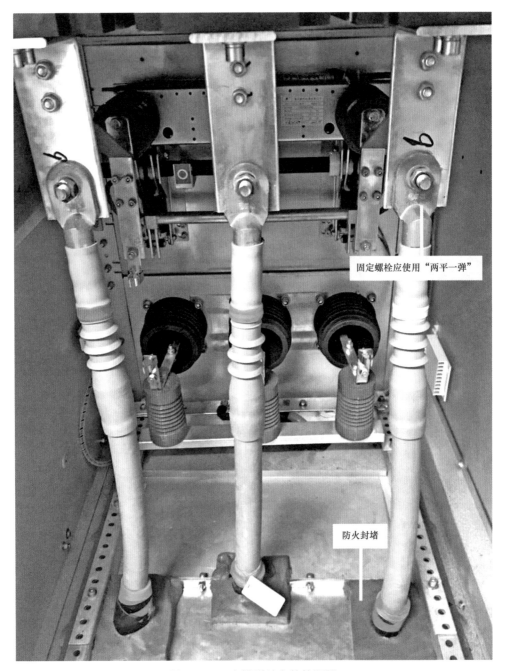

图 3-25　电缆附件安装效果图

（6）进入环网柜的三芯电缆应用电缆卡箍固定牢固；电缆卡箍位置也应尽量靠下，固定点应设在应力锥下和三芯电缆终端下部等部位。电缆固定效果图如图 3-26 所示。

图 3-26　电缆固定效果图

（7）电缆穿过零序电流互感器时，接地点应设在互感器远离接线端子侧。

（8）环网柜底部应铺设防火板，在孔隙口及电缆周围应采用有机堵料进行密实封堵。防火封堵安装效果图如图 3-27 所示。

图 3-27　防火封堵安装效果图

（9）电缆终端和进出环网柜间隔处应采用塑料扎带、捆绳等非导磁金属材料装设标识牌固定。电缆终端安装效果图如图 3-28 所示。

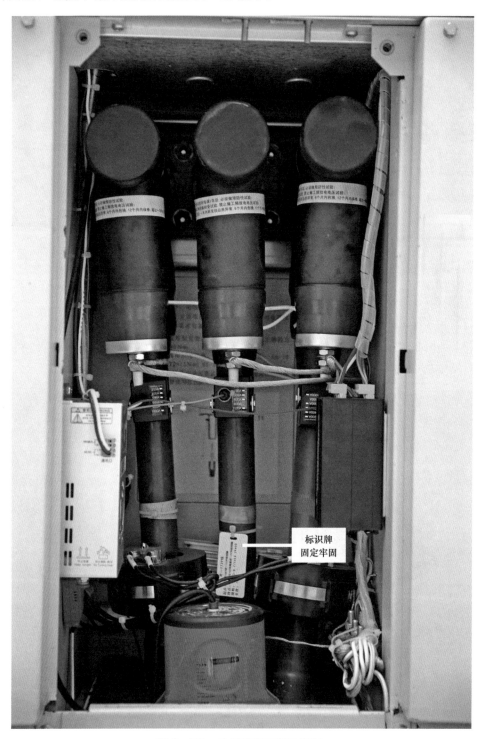

图 3-28　电缆终端安装效果图

2. 质量验收标准

（1）引用标准。

1）GB 50168—2006《电气装置安装工程　电缆线路施工及验收规范》。

2）GB 50171—2012《电气装置安装工程　盘、柜及二次回路接线施工及验收规范》。

3）GB 50254—2014《电气装置安装工程　低压电器施工及验收规范》。

4）GB 50169—2016《电气装置安装工程　接地装置施工及验收规范》。

（2）验收规范。

1）电缆头安装记录、制造厂提供的产品说明书、试验记录、合格证及安装图纸文件等技术文件应齐全。

2）电缆规格、型号应符合要求，电缆铭牌应标记清晰、正确，悬挂位置应合理、牢靠。

3）电缆头应密封完好。

4）环网柜底部应铺设厚度为 10mm 的防火板，电缆周围的有机堵料厚度应不小于 50mm，宽度应大于孔径 50mm。

5）封堵应严密牢固，无漏光、漏风、裂缝现象，表面应光洁平整。

6）电流互感器应接线正确，二次回路线应无交叉，接地应符合要求。

3.3.4　设备调试

3.3.4.1　环网柜本体调试

（1）依据国家电力行业试验标准，进行环网柜绝缘试验、工频耐压试验、继电保护装置整定试验、主回路电阻测量及接地电阻测量等相关试验。

（2）环网柜的试验项目和要求（见表 3-1）。

表 3-1　　　　　　　　　　　　　环网柜试验项目和要求

序号	交接试验项目	要求	说明
1	整体绝缘电阻测量		用 2500V 绝缘电阻表
2	整体交流耐压试验	试验电压按出厂值的 80%	试验时应解开避雷器、电压互感器等影响耐压试验的设备
3	回路电阻测量	不大于技术协议规定值的 1.5 倍	测量电流不小于 100A
4	动作特性及操动机构检查和测试	（1）合闸在额定电压的 85%～110% 范围内应可靠动作，分闸在额定电压的 65%～110%（直流），应可靠动作，当低于额定电压的 30% 时，脱扣器不应脱扣； （2）储能电动机工作电流及储能时间检测，检测结果应符合设备技术文件要求。电动机应能在 85%～110% 的额定电压下可靠工作； （3）直流电阻测试结果应符合设备技术文件要求	
5	控制、测量等二次回路绝缘电阻测量	绝缘电阻一般不低于 10MΩ	采用 1000V 绝缘电阻表

序号	交接试验项目	要求	说明
6	"五防"装置检查	符合设备技术文件和"五防"要求	
7	接地电阻测试	符合设计要求	
8	保护类设备试验	（1）按照实际故障定值进行定值效验试验； （2）对开关站一次开关进行保护传动试验	根据实际的配置情况，对过流、零序等功能进行检查

（3）环网柜内电流互感器的试验项目和要求（见表3-2）。

表3-2　　　　　　　　　　　　电流互感器试验项目和要求

序号	交接试验项目	要求	说明
1	绕组的绝缘电阻测量	测量电流互感器一次绕组的绝缘电阻，绝缘电阻	采用2500V绝缘电阻表
2	交流耐压试验	按出厂试验值的80%进行	
3	极性检查	与铭牌标识一致	
4	各分接头变流比测试	与铭牌标识一致	
5	绕组直流电阻	同型号、同规格、同批次电流互感器一、二次绕组的直流电阻和平均值的差异不宜大于10%	

（4）环网柜内电压互感器的试验项目和要求（见表3-3）。

表3-3　　　　　　　　　　　　电压互感器试验项目和要求

序号	交接试验项目	要求	说明
1	绕组的绝缘电阻测量	测量一次绕组对二次绕组及外壳绝缘电阻不宜低于1000MΩ，二次绕组绝缘电阻不低于10MΩ	一次绕组采用2500V绝缘电阻表，二次绕组采用1000V绝缘电阻表
2	交流耐压试验	按出厂试验的80%进行	
3	极性检查	与铭牌标识一致	
4	各分接头变压比	与铭牌标识一致	
5	绕组直流电阻测量	（1）一次绕组直流电阻测量值，与换算到同一温度下的出厂值比较，相差不宜大于10%； （2）二次绕组直流电阻测量值，与换算到同一温度下的出厂值比较，相差不宜大于15%	

3.3.4.2　变压器本体调试

（1）依据国家电力行业试验标准，进行变压器直流电阻、短路试验、零序阻抗、分接开关、绕组变形测试及接地电阻测量等相关试验。

（2）变压器的试验项目和要求（见表3－4）。

表3－4　　　　　　　　　　变压器试验项目和要求

序号	交接试验项目	要求	说明
1	测量绕组连同套管的直流电阻	（1）测量应在各分接头的所有位置上进行； （2）各相测得值的相互差值应小于平均值的4%，线间测得值的相互差值应小于平均值的2%； （3）变压器的直流电阻，与同温下产品出厂实测数值比较，相应变化不应大于2%； （4）由于变压器结构等原因，差值超过上述第2条时，可只按第3条进行比较，但应说明原因	不同温度下电阻值按照下式换算：$R_2=R_1(T+t_2)/(T+t_1)$（式中 R_1、R_2 分别为温度为 t_1、t_2 时的电阻计算用常数，铜导线取235，铝导线取225）
2	检查所有分接头的变压比	与技术协议及铭牌数据相比应无明显差别，且应符合变压比的规律	"无明显差别"可按如下考虑： （1）电压等级在35kV以下，变压比小于3的变压器变压比允许偏差不超过±1%； （2）其他所有变压器额定分接下变压比允许偏差不超过±0.5%； （3）其他分接的变压比应在变压器阻抗电压值（%）的1/10以内，但不得超过±1%
3	检查变压器的三相接线组别和单相变压器引出线的极性	应与设计要求及铭牌上的标记和外壳上的符号相符	
4	测量绕组连同套管的绝缘电阻	绝缘电阻值不低于产品出厂试验值的70%	使用 2500V 绝缘电阻表测量1min 时的绝缘电阻值。当测量温度与产品出厂试验时的温度不符时，可按下述公式校正到20℃时的绝缘电阻值：当实测温度为20℃以上时 $R_{20}=AR_t$；当实测温度为20℃以下时 $R_{20}=R_t/A$（式中，R_{20} 为校正到20℃时的绝缘电阻值，R_t 为在测量温度下的绝缘电阻值，$A=1.5^{K/10}$）
5	绕组连同套管的交流耐压试验	10kV 电力变压器高压侧应进行交流耐压试验，试验电压按出厂值的80%进行。油浸式变压器耐受电压 28kV（干式变压器耐受电压 24kV），频率范围 45～65Hz，时间 60s，试验中电压稳定、无击穿和闪络	（1）变压器试验电压是根据 GB/T 1094.3—2017 规定的出厂试验电压乘以 0.8 制订的； （2）干式变压器出厂试验电压是根据 GB 1094.11—2007 规定的出厂试验电压乘以 0.8 制订的
6	相位检查	检查变压器的相位应与电网相位一致	
7	接地电阻测试	符合设计要求	

3.3.4.3　二次屏（柜）本体调试

（1）依据国家电力行业试验标准，进行变配电自动化设备"三遥"传动试验、故障检测功能试验及后备电源系统功能试验等相关试验。

（2）依据国家电力行业试验标准，进行蓄电池组不同倍率放电性能、低温放电性能、充电接受能力、耐过放电能力、负荷保存能力及过充耐久能力等相关试验。

（3）二次回路的试验项目和要求（见表3－5）。

表 3-5 二次回路试验项目和要求

序号	交接试验项目	要求	说明
1	绝缘电阻测量	（1）直流小母线和控制盘的电压小母线，在断开所有其他并联支路时不应小于2MΩ； （2）二次回路的每一支路和断路器、隔离开关、操动机构的电源回路不小于2MΩ；在比较潮湿的地方，允许降到0.5MΩ	采用500V或1000V绝缘电阻表
2	交流耐压试验	试验电压为1000V，可用2500V绝缘电阻表代替；或按照制造厂的规定	（1）48V及以下回路不做； （2）带有电子元件的回路，试验时应将其取出或两端短接

（4）配电装置和电力馈线的试验项目和要求（见表3-6）。

表 3-6 配电装置和电力馈线试验项目和要求

序号	交接试验项目	要求	说明
1	绝缘电阻测量	（1）配电装置每一段的绝缘电阻不应小于0.5MΩ； （2）电力馈线绝缘电阻一般不小于0.5MΩ	（1）采用1000V绝缘电阻表； （2）测量电力馈线的绝缘电阻时，应将熔断器、用电设备、电器和仪表等断开
2	配电装置交流耐压试验	试验电压1000V，可用2500V绝缘电阻表试验代替	配电装置耐压为各相对地，48V及以下的配电装置不做交流耐压试验
3	相位检查	各相两端及其连接回路的相位应一致	

注 配电装置指配电盘、配电台、配电柜、操作盘及其载流部分。

（5）配电自动化系统的试验项目和要求（见表3-7）。

表 3-7 配电自动化系统试验项目和要求

序号	交接试验项目	要求	说明
1	配电终端常规检查	（1）装置软件版本、校验码记录检查； （2）装置绝缘电阻、绝缘强度检查	装置软件版本、校验码应与厂家出厂报告和现场调试报告的记录一致
2	"三遥"传动验收	（1）遥信量正确性检查； （2）遥测量正确性检查； （3）遥控量正确性检查	遥控功能验收需要检查终端是否正确配置安全防护功能
3	故障检测功能检查	（1）根据实际的配置情况，对过电流、零序、过负荷等故障检测功能进行检查，检查按照实际定值进行； （2）故障检测信息检查	
4	后备电源系统功能检查	（1）交流电源失压，后备电源系统自动切换供电功能检查； （2）交流失电、后备电源低电压故障告警等信号检查； （3）直流量采集功能检查	
5	其他功能测试	（1）对时功能检查； （2）遥信变位上送时间测试； （3）遥测变化到主站系统画面显示时间测试	

3.3.4.4 引用标准

（1）GB 50150—2016《电气装置安装工程 电气设备交接试验标准》。

（2）Q/GDW 1519—2014《配电网运维规程》。

3.3.5 竣工验收

3.3.5.1 竣工技术资料

竣工技术资料应内容完整、数据准确，并包括：施工中的有关协议及文件、安装工程量、工程说明、相关设计文件、设备材料明细表。

3.3.5.2 竣工图纸及其他文件资料

提交竣工图纸并提交下列资料和文件：

（1）施工图（包括全部工程施工及变更的图纸）；

（2）安装过程技术记录、缺陷及消缺记录；

（3）隐蔽工程施工记录、验收记录及工程签证；

（4）设计变更的证明文件（设计变更、洽商记录）；

（5）各种设备的制造厂提供的产品说明书、试验记录、合格证件及安装图纸等技术文件；

（6）工程安装技术记录（包括电气设备继电保护及自动装置的定值，元件整定、验收、试验、整体传动试验报告）；

（7）结构布置图及内部线缆连接图；

（8）设备参数、定值配置表，"三遥"信息表、随工验收记录、现场验收结论；

（9）电气设备的调整、试验（交接试验）、验收记录；

（10）备品、备件及专用工具清单；

（11）安全工器具、消防器材清单；

（12）有关协议文件。

第4章 开 关 站

4.1 方 案 选 取

4.1.1 KB-1方案（单母线分段，金属铠装移开式或气体绝缘金属封闭式）

（1）主要技术原则：采用单母线分段或两段独立的单母线接线，10kV进线2回或4回，馈线12回，采用金属铠装移开式或气体绝缘金属封闭式开关柜，电缆进出线。KB-1分为A、B、C三个子方案：KB-1-A为单母线分段，2回进线，12回馈线，采用金属铠装移开式开关柜；KB-1-B为两个独立的单母线，4回进线，12回馈线，采用金属铠装移开式开关柜；KB-1-C为单母线分段，2回进线，12回馈线，采用气体绝缘金属封闭式开关柜。KB-1-A方案10kV系统配置图如图4-1所示。KB-1-B方案10kV系统配置图如图4-2所示，KB-1-C方案10kV系统配置图如图4-3所示。

（2）KB-1方案适用范围：

1）适用于 A+、A、B、C 类供电区域。大型供电企业所辖 A+类供电区域应采用KB-1-C方案。

2）站址选择应接近负荷中心，利于用户接入，并充分考虑防潮、防洪、防污秽等要求。

4.1.2 KB-2方案（单母线三分段，金属铠装移开式）

（1）主要技术原则：单母三分段接线，10kV进线4回，馈线12回，采用金属铠装移开式开关柜，户内双列布置，采用电缆进出线。10kV系统配置图如图4-4所示。

（2）KB-2方案适用范围：

1）适用于 A+、A 类供电区域；

2）站址选择应接近负荷中心，利于用户接入，并充分考虑防潮、防洪、防污秽等要求。

图 4-1 KB-1-A 方案 10kV 系统配置图 接线示意与设备配置表（KYN-12 型开关柜）

主母线(1250A)	G1~G6	G7	G8	G9	G10	G11	G12	G13	G14~G19	G20
	10kV I 段母线 (TMY-80×10)				双拼3×400mm²铜芯电缆		10kV II 段母线 (TMY-80×10)			
开关柜编号	G1~G6	G7	G8	G9	G10	G11	G12	G13	G14~G19	G20
开关柜名称	馈线柜	I段进线柜	I段母线设备柜	I段用变柜	分段柜	分段隔离柜	II段进线柜	II段母线设备柜	馈线柜	II段站用变柜
柜体尺寸(宽×深) mm	800×1500	800×1500	800×1500	800×1500	800×1500	800×1500	800×1500	800×1500	800×1500	800×1500
额定电流(A)	630、1250	630、1250	630、1250	630、1250	630、1250	630、1250	630、1250	630、1250	630、1250	630、1250
额定电压(kV)	12	12	12	12	12	12	12	12	12	12
电流互感器 0.5S/5P20	300/5(可选)	600/5(可选)			600/5(可选)		600/5(可选)		300/5(可选)	
电压互感器 0.5/3P			10/0.1/0.1kV, ≥20VA					10/0.1/0.1kV, ≥20VA		
电流表	300/5(可选)	600/5(可选)			600/5(可选)		600/5(可选)		300/5(可选)	
电压表			10/0.1kV					10/0.1kV		
电动操动机构	1副	1副			1副		1副		1副	
真空断路器隔离手车	630A,20kA,1250A,25kA	630A,20kA,1250A,25kA			630A,20kA,1250A,25kA		630A,20kA,1250A,25kA		630A,20kA,1250A,25kA	
真空负荷开关				1台						1台
接地开关 JN15-12	1组	1组			1组		1组		1组	
站用变压器熔断器				10/5A,0.463A						10/5A,0.463A
电压互感器熔断器			10/1A					10/1A		
避雷器 YH5WZ-17/45			1组	1组				1组		1组
带电显示器	1组	1组	1组	1组	1组	1组	1组	1组	1组	1组
消谐器 LXQ-10			1组					1组		
干式变压器				SC10-30kVA Dyn11 10.5±5%/0.4kV						SC10-30kVA Dyn11 10.5±5%/0.4kV
微机保护测控装置	1套	1套			1套		1套		1套	1套

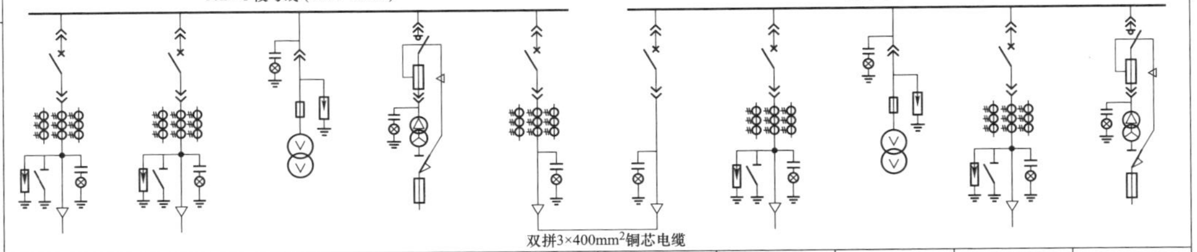

图 4-1 KB-1-A 方案 10kV 系统配置图

说明：
1. 10kV 开关柜优先采用金属铠装移开式开关柜（本方案采用金属铠装移开式开关柜，应具备"五防"闭锁功能，外壳防护等级不低于 IP41）。
2. 柜内采用电动操动机构（电压宜选用 DC110V），辅助触点（另增 6 对动触点），动合触点。满足配电自动化要求。
3. 柜内电流互感器一次电流应根据实际需求配置，二次电流可选用 5A 或 1A。
4. 馈线避雷器可根据工程情况选配。电压互感器和避雷器可根据工程需要选配。
5. 站用变开关柜应加接地开关。
6. 线路闭锁闭锁接地功能。
7. 分段断路器与分段隔离手车与进线柜应采取电气强制闭锁或机械闭锁措施。
8. 电压互感器及站用变压器的变比、变压器容量、变压器电流互感器可按需配置，不接地系统及经消弧线圈接地系统可不用电压监测，本方案按电压监测配置。
9. 对于不允许合环操作的场所，分段开关与分段电流互感器配置组合形式；开关柜内可加熔断器。
10. 分列柜布置及站用变压器间建议优先采用电缆连接，也可采用母线连接，开关站按发电缆连接考虑。
11. 进线柜进线电缆侧采用电压互感器，10kV 开关柜内可根据工程实际需要选配。
12. 对 A+、A 类供电区，进线柜内配置全容量计量，测量功能在柜内的在线监测装置。
13. 开关站进线柜、分段柜二次计量装置安装位置。

说明（另）：
- 电压互感器二次采取电气闭锁闭锁功能。
- 站用变开关柜与分段隔离手车应采取采取电流配置，进线柜采用母线连接，采用双拼 3×400mm² 铜芯电缆，具体须与实际进线电缆截面一致。
- 电压互感器系统及接地系统及经消弧线圈接地系统不需用母线桥，本方案按电流连接；开关柜须加隔离装置可采用 VV 接线。

67

主母线(1250A)		10kV Ⅰ段母线 (TMY–80×10)					10kV Ⅱ段母线 (TMY–80×10)				
KYN–12型开关柜接线图		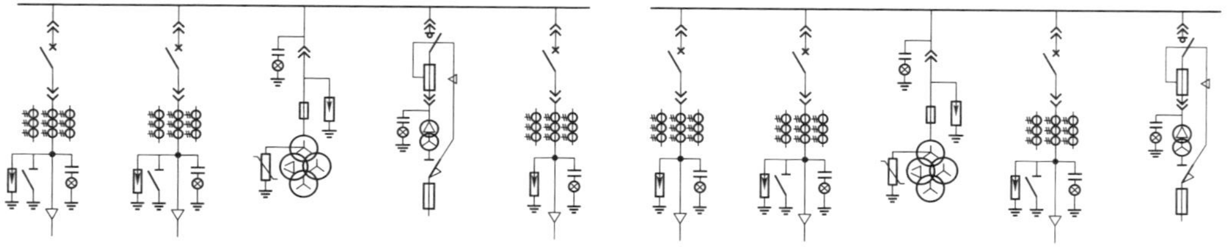									
柜体尺寸（宽×深）mm		800×1500	800×1500	800×1500	800×1500	800×1500	800×1500	800×1500	800×1500	800×1500	800×1500
开关柜编号		G1～G6	G7	G8	G9	G10	G11	G12	G13	G14～G19	G20
开关柜名称		馈线柜	Ⅰ段进线柜1	Ⅰ段母线设备柜	Ⅰ段站用变柜	Ⅰ段进线柜2	Ⅱ段进线柜2	Ⅱ段进线柜1	Ⅱ段母线设备柜	馈线柜	Ⅱ段站用变柜
额定电流(A)		630、1250	630、1250	630、1250	630、1250	630、1250	630、1250	630、1250	630、1250	630、1250	630、1250
额定电压(kV)		12	12	12	12	12	12	12	12	12	12
主要设备元件	电流互感器 0.5S/5P20	300/5	600/5			600/5	600/5	600/5		300/5	
	电压互感器0.5/0.5/3P			$\frac{10}{\sqrt{3}}/\frac{0.1}{\sqrt{3}}/\frac{0.1}{\sqrt{3}}/\frac{0.1}{3}$，≥20VA					$\frac{10}{\sqrt{3}}/\frac{0.1}{\sqrt{3}}/\frac{0.1}{\sqrt{3}}/\frac{0.1}{3}$，≥20VA		
	电流表	300/5	600/5			600/5	600/5	600/5		300/5	
	电压表			10/0.1kV					10/0.1kV		
	电动操动机构	1副	1副			1副	1副	1副		1副	
	真空断路器/隔离手车	630A,20kA;1250A,25kA	630A,20kA;1250A,25kA			630A,20kA;1250A,25kA	630A,20kA;1250A,25kA	630A,20kA;1250A,25kA		630A,20kA;1250A,25kA	
	真空负荷开关				1台						1台
	接地开关 JN15–12	1组	1组					1组		1组	
	站用变熔断器				10/5A,0.4/63A						10/5A,0.4/63A
	电压互感器熔断器			10/1A					10/1A		
	避雷器 YH5WZ–17/45	1组	1组	1组		1组	1组	1组	1组	1组	
	带电显示器	1组	1组	1组	1组	1组	1组	1组	1组	1组	1组
	消谐器 LXQ–10			1组					1组		
	干式变压器				SC10–30kVA Dyn11 10.5±5%/0.4kV						SC10–30kVA Dyn11 10.5±5%/0.4kV
	微机保护测控装置	1套	1套			1套	1套	1套		1套	

说明：1. 10kV 开关柜优先采用金属铠装移开式开关柜，应具备“五防”闭锁功能，外壳防护等级不低于 IP41。
2. 柜内开关配电动操动机构（本方案操作电压选用 DC110V）、辅助触点（另增 6 对动断、动合触点），满足配电自动化要求。
3. 柜内电流互感器一次电流应根据具体工程的实际需求配置，二次电流可选配 5A 或 1A。数量可根据工程需要选配。
4. 馈线避雷器可根据工程情况选配，电压互感器和避雷器可分别配置手车式隔离开关。
5. 站用变开关柜可选用熔断器、负荷开关加熔断器配置组合形式；开关柜＋独立站用变成套柜布置方式可选。
6. 线路带电应闭锁接地开关。
7. 对于不允许合环操作的场所，进线开关应采取电气闭锁措施。
8. 电压互感器及站用变容量、变压比、熔断器电流可按需配置。
9. 进线柜线路侧电压互感器可根据工程实际需要选配。
10. 对 A＋、A 类供区，10kV 开关柜内可配置包含温度测量等功能在内的在线监测装置。
11. 开关站进线柜、馈线柜、分段柜在二次室预留计量装置安装位置。

图 4–2　KB–1–B 方案 10kV 系统配置图

一次主接线																		
柜体尺寸(宽×深×高)mm	600×1225×2250	600×1225×2250	600×1225×2250	600×1225×2250	600×1225×2250	600×1225×2250	600×1225×2250	600×1225×2250	600×1225×2250	600×1225×2250	600×1225×2250	600×1225×2250	600×1225×2250	600×1225×2250	600×1225×2250	600×1225×2250	600×1225×2250	600×1225×2250
开关柜编号	G1	G2	G3	G4	G5	G6	G7	G8	G9	G10	G11	G12	G13	G14	G15	G16	G17	G18
开关柜名称	馈11	馈12	馈13	馈14	馈15	I段电压互感器	站用变馈16	进线1	分段开关	分段隔离	进线2	馈26	II段电压互感器	馈25	馈24	馈23	馈22	馈21
主母线	1250A	1250A	1250A	1250A	1250A	1250A	1250A	1250A	1250A	1250A	1250A	1250A	1250A	1250A	1250A	1250A	1250A	1250A
引下线	630A	630A	630A	630A	630A	630A	630A	1250A	1250A	1250A	1250A	630A	630A	630A	630A	630A	630A	630A
三位置开关	1	1	1	1	1		1		1		1	1		1	1	1	1	1
断路器	1250A/25kA	1250A/25kA	1250A/25kA	1250A/25kA	1250A/25kA		1250A/15kA	1250A/25kA	1250A/25kA		1250A/25kA	1250A/25kA		1250A/25kA	1250A/25kA	1250A/25kA	1250A/25kA	1250A/25kA
电流互感器	(200)/400/5	(200)/400/5	(200)/400/5	(200)/400/5	(200)/400/5		(200)/400/5	600/5	600/5		600/5	(200)/400/5		(200)/400/5	(200)/400/5	(200)/400/5	(200)/400/5	(200)/400/5
电压互感器						10(0.1/0.1)/3							10(0.1/0.1)/3					
熔断器						2A							2A					
避雷器						17/45							17/45					
SF₆压力显示器	有	有	有	有	有		有	有	有		有	有		有	有	有	有	有
带电显示器	有	有	有	有	有		有	有	有		有	有		有	有	有	有	有

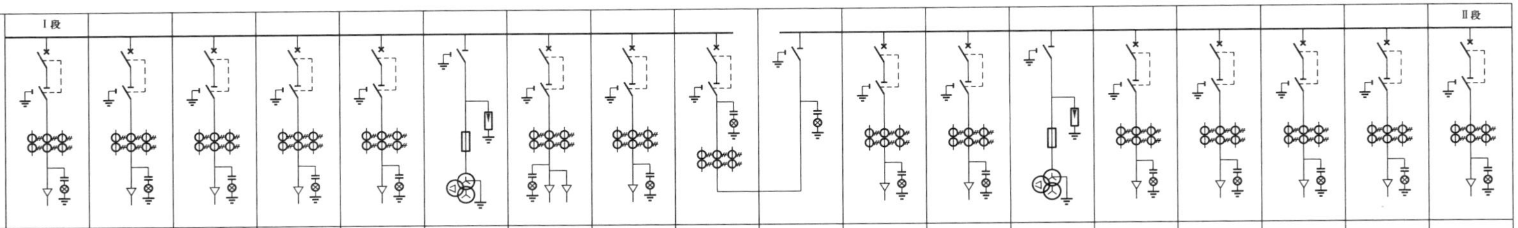

图4-3 KB-1-C 方案 10kV 系统配置图

说明：
1. 10kV开关柜采用气体绝缘金属封闭开关柜，整体防护等级达到IP41以上，气室防护等级在IP65以上。
2. 柜内开关配电动操动机构（本方案操作电压选用DC110V），辅助触点（另增6对动断、动合角点），二次电流需求配置5A或1A。
3. 柜内电流互感器一次电流应根据具体工程的实际需求配置，二次电流可选配5A或1A。
4. 本方案采用单母线分段，母排连接。
5. 10kV气体绝缘金属封闭式开关柜宽度宜控制在500～600mm。

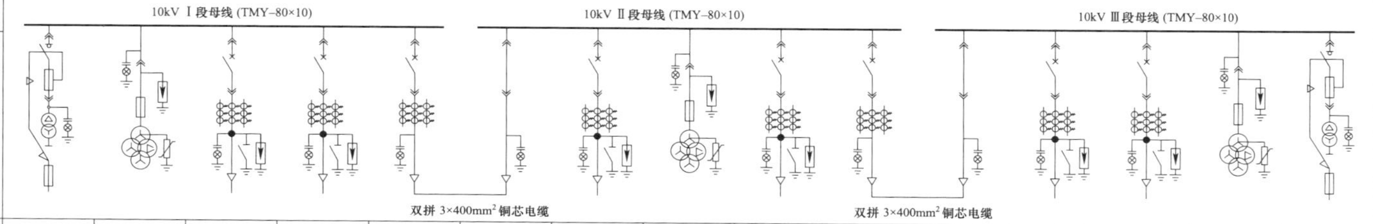

図4－4　10kV系统配置图

10kV I 段母线 (TMY-80×10)						10kV II 段母线 (TMY-80×10)						10kV III 段母线 (TMY-80×10)		
G1	G2	G3~8	G9	G10	G11	G12	G13	G14	G15	G16	G17	G18~23	G24	G25

主母线(1250A)

10kV金属铠装移开式开关柜接线图

项目	G1	G2	G3~8	G9	G10	G11	G12	G13	G14	G15	G16	G17	G18~23	G24	G25
开关柜尺寸(宽×深×高)(mm)	800×1500×2300	800×1500×2300	800×1500×2300	800×1500×2300	800×1500×2300	800×1500×2300	800×1500×2300	800×1500×2300	800×1500×2300	800×1500×2300	800×1500×2300	800×1500×2300	800×1500×2300	800×1500×2300	800×1500×2300
开关柜编号	G1	G2	G3~8	G9	G10	G11	G12	G13	G14	G15	G16	G17	G18~23	G24	G25
开关柜名称	I段站用变柜	I段母线设备柜	馈线柜1~6	进线柜1	分段柜1	分段隔离柜1	进线柜2	II段母线设备柜	进线柜4	分段柜2	分段隔离柜2	进线柜3	馈线柜7~12	III段母线设备柜	III段站用变柜
额定电流(A)	630、1250	630、1250	630、1250	630、1250	630、1250	630、1250	630、1250	630、1250	630、1250	630、1250	630、1250	630、1250	630、1250	630、1250	630、1250
额定电压(kV)	12	12	12	12	12	12	12	12	12	12	12	12	12	12	12
电流互感器 0.5S/5P20	400/5			600/5	600/5		600/5		600/5	600/5		600/5	400/5		
电压互感器0.5/3P		10/0.1/0.1 /√3/√3/3 ≥20VA						10/0.1/0.1 /√3/√3/3 ≥20VA						10/0.1/0.1 /√3/√3/3 ≥20VA	
电流表															
电压表		10/0.1kV						10/0.1kV						10/0.1kV	
电动操动机构	1副		1副	1副	1副		1副		1副	1副		1副	1副		1副
真空断路器真空隔离手车	630A、20kA; 1250A、25kA		630A、20kA; 1250A、25kA	630A、20kA; 1250A、25kA	630A、20kA; 1250A、25kA	630A	630A、20kA; 1250A、25kA		630A、20kA; 1250A、25kA	630A、20kA; 1250A、25kA	630A	630A、20kA; 1250A、25kA	630A、20kA; 1250A、25kA		
真空负荷开关															
接地开关 JN15-12	1台														1台
熔断器	10/5A,0.463A	10/1A					10/1A		10/1A			10/1A		10/1A	10/5A,0.463A
避雷器17/45kV	1组	1组	1组	1组		1组	1组	1组	1组		1组	1组	1组	1组	1组
带电显示器	1组	1组	1组	1组	1组	1组	1组	1组	1组	1组	1组	1组	1组	1组	1组
消谐器 LXQ-10	1组	1组					1组		1组		1组			1组	1组
微机保护测控装置	1套		1套	1套	1套		1套	1套	1套	1套		1套	1套		1套
干式变压器	SC10-10/0.4 30kVA,Dyn11														SC10-10/0.4 30kVA,Dyn11

双排 3×400mm² 铜芯电缆　　双排 3×400mm² 铜芯电缆　　双排 3×400mm² 铜芯电缆

说明：
1. 10kV开关柜优先采用金属铠装移开式开关柜，应具备"五防"闭锁功能，外壳防护等级不低于IP41。
2. 10kV开关柜配电动操动机构(本方案操作电压选用DC110V)，柜内开关具备"五防"闭锁触点(另增6对动触点可选配5A或1A)，满足配电自动化要求。
3. 柜内电流互感器一次电流应根据工程的实际情况配置，二次电流可选配。
4. 馈线避雷器和熔断器可根据工程情况选择，电压互感器可分别配置手车开关。
5. 站用变开关柜可选用地下式熔断器；负荷开关加熔断器配置方式可选。开关柜+独立站用变可根据工程需要选型。
6. 线路备用间隔应配置开关。
7. 分段断路器与分段隔离开关应按配置。
8. 对于不采用环网柜作为分段开关的场所，两进线开关与分段开关与分段线路应采取电气闭锁或机械闭锁措施。
9. 电压互感器及其他变应布置变压器。
10. 分段布置的两段母线间建议优先采用电缆连接，也可采用母线桥，本方案按电缆连接考虑。
11. 进线电缆可根据工程需要在线路侧附加装电压互感器。
12. 进线柜、馈线柜对A+、A类供区，10kV进线柜内可配置包含温度测量等功能的在线监测装置。
13. 开关站进线柜二次室预留计量二次室预留计量二次接口位置。分段柜、分段隔离柜在开关柜内可配置包含温度测量等功能的在线监测装置。

4.2 流 程 图

开关站安装施工流程图如图4-5所示。

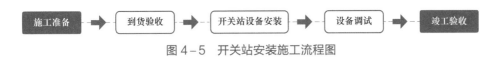

图4-5 开关站安装施工流程图

4.3 施 工 环 节

4.3.1 施工准备

（1）高、低压配电装置的设计、安装应符合有关国家标准和行业规范、规程及《国家电网公司配电网工程典型设计 10kV配电站房分册（2016年版）》的要求，推荐使用节能环保的设备。

（2）电气设备安装工程应按已批准的相关设计文件进行施工。涉及电网安全运行的新建或改建工程的设计图纸，须经运行管理单位审核。

（3）统一招标采购的设备和主材必须按照已经签订的招标订货技术规范进行验收。

（4）若到货的设备和主材不符合招标订货技术规范，应要求供货厂商整改。

4.3.2 到货验收

4.3.2.1 开关柜本体

（1）开关柜按照装箱单核对备品、备件是否齐全，电器元件型号应符合设计图纸及设计要求。

（2）开关柜应外观完好、漆面完整，无划痕、脱落，框架无变形，装在盘、柜上的电器元件应无损坏。

（3）开关柜各柜门标识牌应明确清晰，箱体门和柜门打开后应大于90°且开闭自如,锁具应配置齐备。柜门安装示意图如图4-6所示,开关柜安装效果图如图4-7所示。

图 4-6　柜门安装示意图

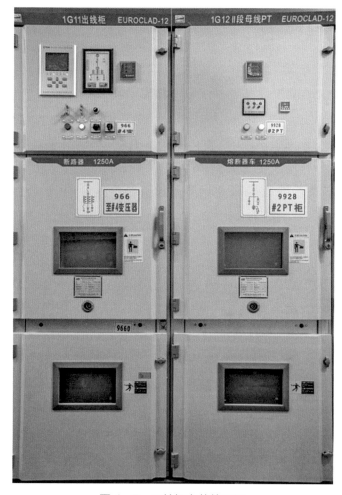

图 4-7　开关柜安装效果图

（4）开关柜二次室内避雷器应外观完好，无破损、裂纹。各相避雷器的型号、规格应一致，安装排列整齐，铜引线截面积应不小于2.5mm²，接地应连接可靠。避雷器安装示意图如图4-8所示。

图4-8 避雷器安装示意图

（5）开关柜内接线端子排连线端部均应标明回路编号，编号必须正确，字迹清晰且不易脱色，二次控制回路使用的BV导线截面积不应小于2.5mm²。二次控制回路安装效果图如图4-9所示。

（6）开关柜若是采用SF₆充气式，须检查充气设备压力指示是否正常。SF₆气压表外观示意图如图4-10所示。

（7）设备本体活动部件应动作灵活、可靠，传动装置动作应正确，现场试操作3次。

（8）手车上导电触头与静触头应对中、无卡阻，接触良好。

（9）检查开关柜机械闭锁是否满足"五防"要求。

4.3.2.2 变压器本体

（1）变压器应符合设计要求，附件、备件应齐全。

（2）检查本体外观应无损伤及变形，外观应完好。如有包装破损，应做相关试验。

（3）带有防护罩的干式变压器，防护罩与变压器的安全距离应符合相关标准规定。

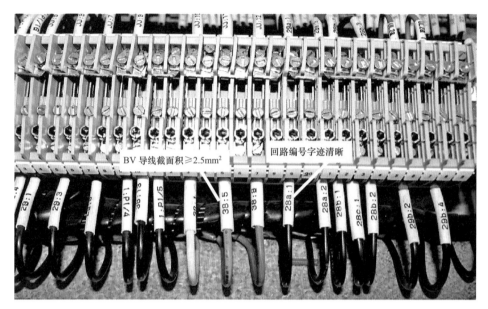

图 4-9 二次控制回路安装效果图

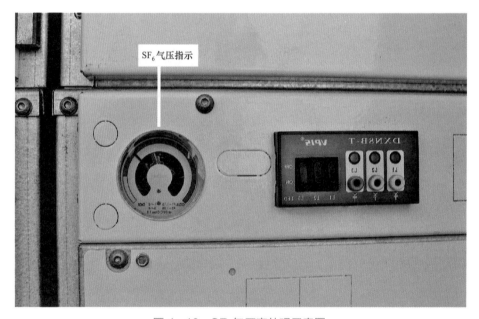

图 4-10 SF₆气压表外观示意图

4.3.2.3 二次设备

（1）二次设备产品技术文件应齐全。

（2）二次设备按照装箱单核对备品备件是否齐全，电器元件型号应符合设计图纸及设计要求。

（3）二次设备应外观完好、漆面完整，无划痕、脱落，框架无变形，装在盘、柜上的电器元件应无损坏。二次设备安装效果图如图 4-11 所示。

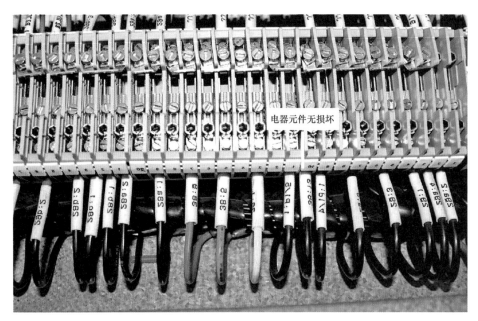

图 4–11 二次设备安装效果图

（4）二次设备各柜门标识牌应明确清晰，箱体门和柜门打开后应大于 90°且开闭自如，锁具配置应齐备。柜门开启效果图如图 4–12 所示。

图 4–12 柜门开启效果图

（5）二次设备接线端子排连线端部均应标明回路编号，编号必须正确，字迹清晰且不易脱色，二次控制回路使用的 BV 导线截面积不应小于 2.5mm²。

（6）多股软铜线接线端子处应安装接线耳。

4.3.2.4 附件检查
（1）按照装箱单核对电缆附件数量是否齐全、包装及密封是否良好。

（2）产品技术文件应齐全。

（3）按标准有关规定做外观检查。

4.3.3 设备安装

4.3.3.1 开关柜本体安装
1. 施工质量要点

（1）依据电气安装图，核对主进线柜与进线套管位置是否相对应，并将进线柜定位，柜体应符合：垂直度偏差小于 1.5mm/m，最大偏差小于 3mm；侧面垂直度偏差小于 2mm。

（2）相对排列的柜应以跨越母线柜为准，进行对面柜体的就位，保证两柜相对应，其左右偏差应小于 2mm。

（3）其他柜质量要求应符合：垂直度偏差小于 1.5mm/m；水平度偏差，相邻两盘顶部小于 2mm，成列盘顶部小于 5mm；盘间不平偏差，相邻两盘边小于 1mm，成列盘面小于 5mm；盘间接缝小于 2mm。

（4）整体安装完成后，各尺寸应符合规程规范要求，柜体与基础型钢应采用螺栓连接并固定牢固。

（5）柜内接地母线与接地网应可靠连接，接地材料规格应不小于设计规定，每段柜接地引下线应不少于 2 处。接地母线安装效果图如图 4－13 所示。

图 4－13 接地母线安装效果图

（6）手车式开关柜"五防"装置应齐全、符合相应逻辑关系，"五防"装置动作应可靠。"五防"装置外观示意图如图 4－14 所示。

图 4-14 "五防"装置外观示意图

（7）手车式开关柜手车应推拉灵活轻便，无卡阻、碰撞现象，相同型号的手车应能互换。开关柜手车外观示意图如图 4-15 所示。

图 4-15 开关柜手车外观示意图

（8）手车式开关柜手车推入工作位置后，动、静触头接触应严密、可靠。

（9）手车式开关柜手车和柜体间的二次回路连接插件应接触良好。连接插件外观示意图如图 4-16 所示。

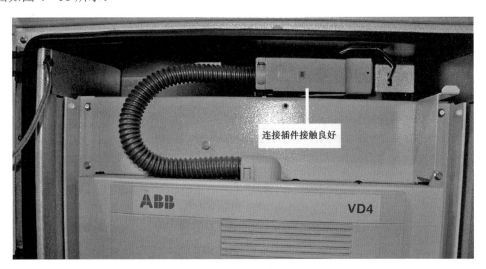

图 4-16 连接插件外观示意图

（10）手车式开关柜安全隔离板应开启灵活，动作正确到位。

（11）手车式开关柜柜内控制电缆应固定牢固，不应妨碍手车的进出。

（12）手车式开关柜避雷器的接线方式应符合反事故措施要求。

（13）柜、屏的金属框架及基础型钢应接地（PE 或软铜线）可靠；装有电器的可开启门和框架的接地端子间应用软铜线连接，软铜线截面积不应小于 25mm²，还应满足机械强度的要求，并做好标识。接地软铜线安装效果图如图 4-17 所示。

软铜线截面积 ≥25mm²

图 4-17　接地软铜线安装效果图

（14）接地连接线的弯曲不能采用热处理，弯曲半径应符合规程要求，弯曲部位应无裂痕、变形。

（15）接地连接线刷漆颜色为黄绿相间，其顺序为：从左至右为先黄后绿，从里至外为先黄后绿。接地安装效果图如图 4-18 所示。

接地连接线涂黄绿漆

图 4-18　接地安装效果图

（16）接地网的接地电阻值及其他测试参数应符合设计规定。

（17）当建筑物与开关柜共同使用建筑物接地网时，建筑物接地网应满足开关柜对接地网的阻值和动热稳定的要求，至少应有 4 个方向的连接。

（18）10kV 高压开关柜的设备型钢应符合：垂直度偏差不大于 1mm/m，全长不大于 5mm；水平度偏差不大于 1mm/m，全长不大于 5mm；位置偏差及平行度全长不大于 5mm。

（19）基础型钢应与接地母线连接，将接地扁钢引入并与基础型钢两端焊牢。焊缝长度应为接地扁钢宽度的 2 倍，三面施焊。

2. 质量验收标准

（1）引用标准。

1）GB 50147—2010《电气装置安装工程　高压电器施工及验收规范》。

2）GB 50149—2010《电气装置安装工程　母线装置施工及验收规范》。

3）GB 50169—2016《电气装置安装工程　接地装置施工及验收规范》。

（2）验收规范。

1）开关柜评定、试验记录，制造厂提供的产品说明书、试验记录、合格证及安装图纸文件等技术文件，施工图及变更设计的文件应齐全。

2）开关柜与基础应固定可靠，柜、屏相互间以及与基础型钢应用镀锌螺栓连接，且防松动零件齐全。

3）每段基础型钢的两端应有明显的接地，基础型钢应与接地母线连接，将接地扁钢引入并与基础型钢两端焊牢。焊缝长度为接地扁钢宽度的 2 倍，三面施焊。

4）开关柜内互感器、避雷器等设备应与开关柜本体可靠接地，开关柜本体与站内接地装置相连应采用扁钢，每处设备的连接点应不少于 2 处。避雷器安装效果图如图 4-19 所示。

图 4-19　避雷器安装效果图

5）开关柜内电气"五防"装置应齐全、符合相应逻辑关系，"五防"装置动作应灵活可靠。

6）门内侧应标出主回路的一次接线图，注明操作程序和注意事项，各类指示标识应显示正常。

7）相邻开关柜应以每列第一面柜为准对齐，使用厂家专配并柜螺栓连接，调整好柜间缝隙后，紧固底部连接螺栓和相邻柜间连接螺栓。

8）主母线连接孔应为长条孔，以调整间隙与应力。柜内母线平置时，贯穿螺栓应由下往上穿，螺母应在上方；其余情况下，螺母应置于维护侧，连接螺栓长度宜露出螺母 2～3 扣。连接螺栓安装效果图如图 4－20 所示。

图 4－20　连接螺栓安装效果图

9）主母线搭接部位应安装绝缘护罩，柜内主母线及引下线须采用阻燃的母线绝缘套管包封。主母线安装效果图如图 4－21 所示。

图 4－21　主母线安装效果图

10）手车式开关操作装置应动作灵活可靠，推拉灵活轻便，无卡阻、碰撞现象，推入"工作"位置后，动、静触头接触应严密、可靠。

11）手车和柜体间的二次回路连接插件应接触良好。

12）安全隔离板应开启灵活，随手车的进出而相应动作。

13）控制电缆的绝缘水平宜选用 450V 与 750V，控制电缆宜选用铜芯电缆，并应留有适当的备用芯并加装封套，不同截面的电缆，电缆芯数应符合规定。控制电缆安装效果图如图 4-22 所示。

图 4-22　控制电缆安装效果图

14）二次回路线应标示清晰、横平竖直、整齐美观、捆扎一致。二次回路安装效果图如图 4-23 所示。

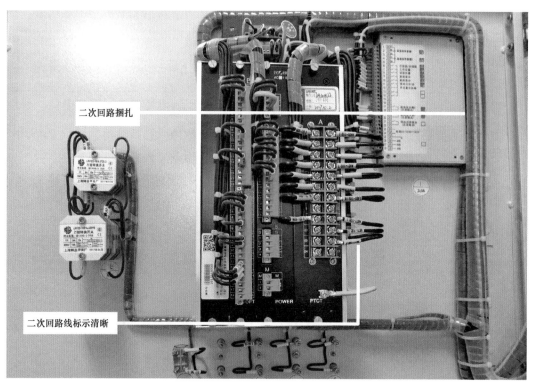

二次回路捆扎

二次回路线标示清晰

图 4-23　二次回路安装效果图

15）柜内控制电缆应固定牢固，不应妨碍手车的进出。

16）调整好柜间缝隙后，紧固底部连接螺栓和相邻柜间连接螺栓。

17）整体安装完成后，各尺寸应符合规程规范要求，柜体与基础型钢应固定牢固。

4.3.3.2　站用变压器安装

1. 施工质量要点

（1）安装干式变压器时，室内相对湿度宜保持在 70% 以下。

（2）当利用机械牵引变压器时，牵引的着力点应在设备重心以下，运输角度不得超过 15°。

（3）变压器就位时，应注意其方位和距墙尺寸应与图纸相符，允许偏差为 ±25mm。图纸无标注时，纵向按轨道定位，横向距离不得小于 800mm，距门不得小于 1000mm。

（4）干式变压器的电阻温度计导线应加以适当的附加电阻校验调试后方可使用。

（5）干式变压器软管不得有压扁或死弯，弯曲半径不得小于 50mm，富余部分应盘圈并固定在温度计附近。

（6）变压器一、二次引线的施工，不应使变压器的套管直接承受应力。

（7）变压器中性点的接地回路中，靠近变压器处宜做一个可拆卸的连接点。

2. 质量验收标准

（1）引用标准：GB 50148—2010《电气装置安装工程 电力变压器、油浸电抗器、互感器施工及验收规范》。

（2）验收规范。

1）变压器评定、试验记录，制造厂提供的产品说明书、试验记录、合格证及安装图纸文件等技术文件，施工图及变更设计的文件应齐全。

2）基础应符合设计图纸要求。

3）基础固定应采用螺栓连接且连接牢固、牢靠。变压器安装效果图如图4-24所示，变压器温度控制器安装效果图如图4-25所示。

图4-24 变压器安装效果图

图4-25 变压器温度控制器安装效果图

4.3.3.3 二次屏（柜）本体安装

1. 施工质量要点

（1）屏（柜）型钢基础水平度偏差应小于 1mm/m，全水平偏差应小于 2mm/m。

（2）屏（柜）型钢基础垂直度偏差应小于 1mm/m，全长偏差应小于 5mm/m。

（3）屏（柜）位置型钢基础偏差及不平行度全长应小于 5mm。

（4）屏（柜）型钢与主接地网应连接可靠。

（5）屏（柜）进入户内应采取防护措施实施对门、窗和地面等成品进行保护。

（6）户内屏（柜）固定应采用基础型钢上钻孔后螺栓固定，不宜使用焊接方式。

（7）相邻屏（柜）应以每列第一面柜为准对齐，使用厂家专配并柜螺栓连接，调整好柜间缝隙后，紧固底部连接螺栓和相邻柜间连接螺栓。

（8）成列盘（柜）顶部偏差应小于 5mm，盘（柜）面偏差应满足：相邻两盘边小于 1mm，成列盘面小于 5mm，盘（柜）间接缝小于 2mm。盘（柜）检测示意图如图 4－26 所示。

图 4－26　盘（柜）检测示意图

（9）所有屏（柜）应安装牢固，外观完好，无损伤，内部电器元件固定牢固。

（10）屏（柜）框架和底座应接地良好。

（11）屏（柜）内二次接地铜排应用专用接地铜排可靠连接，可开启门应用软铜线可靠接地。软铜线安装效果图如图 4－27 所示。

（12）室内试验接地端子应标示清晰。

2. 质量验收标准

（1）引用标准。

1）GB 50171—2012《电气装置安装工程　盘、柜及二次回路接线施工及验收规范》。

2）GB 50254—2014《电气装置安装工程　低压电器施工及验收规范》。

3）GB 50169—2016《电气装置安装工程　接地装置施工及验收规范》。

软铜线接地

图 4-27　软铜线安装效果图

（2）验收规范。

1）检验、评定记录，制造厂提供的产品说明书、试验记录、合格证及安装图纸文件等技术文件，施工图及变更设计的文件应齐全。

2）盘面应平整，盘上标识应正确、齐全、清晰、不易脱色，屏柜内空气开关、熔断器位置应正确，所有电器元件应紧固。

3）备品、备件及专用工器具应齐全。

4.3.3.4　直流设备安装

1. 施工要点

（1）盘（柜）的平面布置应符合设计和厂家的要求，盘（柜）应固定牢固，符合设计及规范要求。

（2）蓄电池支架应固定牢固，水平度偏差应小于±5mm。蓄电池安装效果图如图 4-28 所示。

水平度偏差＜±5mm

图 4-28　蓄电池安装效果图

（3）蓄电池连接线处清洁后应涂电力复合脂，使用扳手紧固时应防止短路。

（4）蓄电池安装后应进行编号，编号应清晰、齐全。

（5）蓄电池组应进行容量充放电试验，第一次放电容量应不小于95%的额定容量。

2. 质量验收标准

（1）引用标准。

1）GB 50171—2012《电气装置安装工程 盘、柜及二次回路接线施工及验收规范》。

2）GB 50172—2012《电气装置安装工程 蓄电池施工及验收规范》。

（2）验收规范。

1）施工图及变更设计，安装记录、充放电记录、直流接地支路对照表，制造厂提供的产品说明书、试验记录、合格证等技术文件应齐全。

2）系统应绝缘良好，接线可靠、工艺美观，充放电装置运行良好，参数设置正确，系统接线方式正确，运行方式转换正确、可靠，盘表指示应正确，直流接地检测装置应动作正确。

4.3.3.5 附件安装

1. 施工质量要点

（1）电缆从基础下进入开关柜时应有足够的弯曲半径，能够垂直进入。

（2）电缆头制作完毕后，应将预留电缆退入柜体下面的电缆层内。

（3）应将电缆接线端子用固定螺栓挂在设备接线端上，检查电缆接线端子是否无应力，长度应适中。电缆接线端子安装效果图如图4-29所示。

图4-29 电缆接线端子安装效果图

（4）将电缆接线端子固定螺栓拧紧，固定螺栓应使用"两平一弹"。

（5）在开关柜间隔进、出线孔处，应用防火材料进行封堵。

（6）进入开关柜的三芯电缆应用电缆卡箍固定牢固；电缆卡箍位置也应尽量靠下，固定点应设在应力锥下和三芯电缆终端下部等部位。

（7）电缆穿过零序电流互感器时，接地点应设在互感器远离接线端子侧。零序电流互感器安装效果图如图 4-30 所示。

图 4-30 零序电流互感器安装效果图

（8）在开关柜底部孔隙口及电缆周围应采用有机堵料进行密实封堵。

（9）在电缆终端和进出开关柜间隔处，应采用塑料扎带、捆绳等非导磁金属材料装设标识牌固定。

（10）当建筑物与开关柜共同使用建筑物接地网时，建筑物接地网应满足开关柜对接地网的阻值和动热稳定的要求。建筑物接地网与开关柜至少应有 2 个方向的连接，与开关站至少应有 4 个方向的连接。

2. 质量验收标准

（1）引用标准。

1）GB 50168—2006《电器装置安装工程 电缆线路施工及验收规范》。

2）GB 50171—2012《电气装置安装工程 盘、柜及二次回路接线施工及验收规范》。

3）GB 50254—2014《电气装置安装工程 低压电器施工及验收规范》。

4）GB 50169—2016《电气装置安装工程 接地装置施工及验收规范》。

（2）验收规范。

1）电缆安装记录，制造厂提供的产品说明书、试验记录、合格证及安装图纸文件等技术文件应齐全。

2）电缆规格、型号应符合要求，电缆铭牌标记应清晰、正确，悬挂位置应合理、牢靠。

3）电缆头应密封完好且无渗漏。

4）开关柜底部应铺设厚度为 10mm 的防火板，电缆周围的有机堵料厚度应不小于 50mm，宽度大于孔径 50mm。柜底安装效果图如图 4－31 所示。

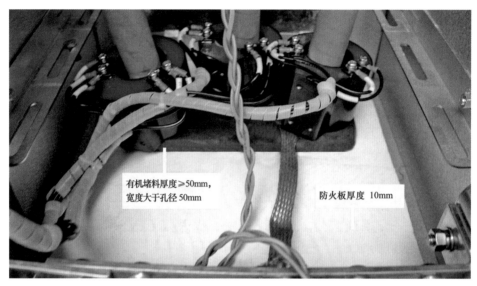

图 4－31　柜底安装效果图

5）封堵应严密牢固，无漏光、漏风、裂缝现象，表面应光洁平整。

6）电流互感器接线应正确，二次回路线应无交叉，接地应符合要求。互感器接线效果图如图 4－32 所示。

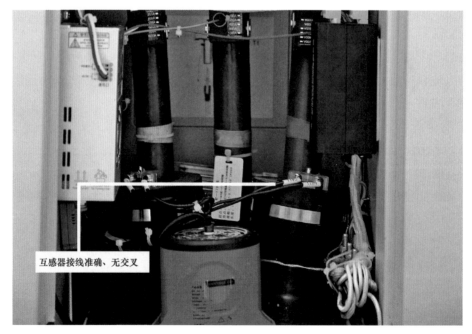

图 4－32　互感器接线效果图

4.3.4　设备调试

4.3.4.1　开关柜本体调试

（1）依据国家电力行业试验标准，进行开关柜绝缘试验、工频耐压试验、继电保护装置整定试验、主回路电阻测量及接地电阻测量等相关试验。

（2）高压开关柜的试验项目和要求（见表4-1）。

表4-1　　　　　　　　　　　高压开关柜试验项目和要求

序号	交接试验项目	要求	说明
1	整体绝缘电阻测量		用2500V绝缘电阻表
2	整体交流耐压试验	试验电压按出厂值的80%	试验时应解开避雷器、电压互感器等影响耐压试验的设备
3	回路电阻测量	不大于技术协议规定值的1.5倍	测量电流不小于100A
4	动作特性及操动机构检查和测试	（1）合闸在额定电压的85%~110%范围内应可靠动作，分闸在额定电压的65%~110%（直流）应可靠动作，当低于额定电压的30%时，脱扣器不应脱扣；（2）储能电动机工作电流及储能时间检测，检测结果应符合设备技术文件要求，电动机应能在85%~110%的额定电压下可靠工作；（3）直流电阻测试结果应符合设备技术文件要求或初值不超差	
5	控制、测量等二次回路绝缘电阻测量	绝缘电阻一般不低于10MΩ	采用1000V绝缘电阻表
6	"五防"装置检查	符合设备技术文件和"五防"要求	
7	接地电阻测试	符合设计要求	
8	保护类设备试验	（1）按照实际故障定值进行定值校验；（2）对开关站一次开关进行保护传动试验	根据实际的配置情况，对过电流、零序等功能进行检查

（3）隔离开关的试验项目和标准（见表4-2）。

表4-2　　　　　　　　　　　隔离开关试验项目和标准

序号	交接试验项目	标准			说明
1	有机绝缘支持绝缘子及提升杆的绝缘电阻测量	（1）用绝缘电阻表测量胶合元件分层电阻；（2）有机材料传动提升杆的绝缘电阻（MΩ）值不得低于以下数值			用2500V绝缘电阻表
		试验类别	额定电压（kV）		
			<24	24~40.5	
		交接时、大修后	1200	3000	
		运行中	300	1000	
2	二次回路绝缘电阻测量	绝缘电阻不低于1MΩ			用1000V绝缘电阻表
3	二次回路交流耐压试验	试验电压为1000V			可用2500V绝缘电阻表测绝缘电阻代替

序号	交接试验项目	标准	说明
4	交流耐压试验	（1）试验电压按相关国标规定； （2）用单个或多个元件支柱绝缘子组成的隔离开关进行整体耐压试验有困难时，可对各胶合元件分别耐压其试验和要求按相关的规定进行	（1）在交流耐压试验前、后测量绝缘电阻，耐压试验后的阻值不应降低； （2）110kV 及以上设备在有条件时进行耐压试验
5	操动机构线圈的最低动作电压测量	最低动作电压一般在操作电源额定电压的30%～80%范围内	气动或液压应在额定压力下进行
6	导电回路电阻测量	不大于制造厂规定值的1.5倍	应采用直流压降法测量，电流不小于100A
7	操动机构的动作情况测试	（1）电动、气动或液压操动机构在额定操作电压（气压或液压）下分、合闸5次，动作应正常； （2）手动操动机构操作应灵活，无卡涩； （3）闭锁装置应可靠	

（4）开关柜内电流互感器的试验项目和要求（见表4-3）。

表4-3　　　　　　　电流互感器试验项目和要求

序号	交接试验项目	要求	说明
1	绕组的绝缘电阻测量	测量电流互感器一次绕组的绝缘电阻	用2500V绝缘电阻表
2	交流耐压试验	按出厂试验值的80%进行	
3	极性检查	与铭牌标识一致	
4	各分接头变流比测量	与铭牌标识一致	
5	绕组直流电阻测量	同型号、同规格、同批次电流互感器一、二次绕组的直流电阻和平均值的差异不宜大于10%	

（5）开关柜内电压互感器的试验项目和要求（见表4-4）。

表4-4　　　　　　　电压互感器试验项目和要求

序号	交接试验项目	要求	说明
1	绕组的绝缘电阻测量	测量一次绕组对二次绕组及外壳绝缘电阻不宜低于1000MΩ，二次绕组绝缘电阻不低于10MΩ	一次绕组采用2500V绝缘电阻表，二次绕组采用1000V绝缘电阻表
2	交流耐压试验	按出厂试验值的80%进行	
3	极性检查	与铭牌标识一致	
4	各分接头变压比测量	与铭牌标识一致	
5	绕组直流电阻测量	（1）一次绕组直流电阻测量值，与换算到同一温度下的出厂值比较，相差不宜大于10%； （2）二次绕组直流电阻测量值，与换算到同一温度下的出厂值比较，相差不宜大于15%	

4.3.4.2　变压器本体调试

（1）依据国家电力行业试验标准，进行变压器直流电阻测量、短路试验、零序阻抗测试、分接开关测试、绕组变形测试及接地电阻测量等相关试验。

（2）变压器的试验项目和要求（见表4-5）。

表4-5　　　　　　　　　　　变压器试验项目和要求

序号	交接试验项目	要求	说明
1	测量绕组连同套管的直流电阻	（1）测量应在各分接头的所有位置上进行； （2）各相测得值的相互差值应小于平均值的4%，线间测得值的相互差值应小于平均值的2%； （3）变压器的直流电阻，与同温下产品出厂实测数值比较，相应变化不应大于2%； （4）由于变压器结构等原因，差值超过上述第2条时，可只按第3条进行比较。但应说明原因	不同温度下电阻值按照下式换算： $R_2=R_1(T+t_2)/(T+t_1)$ （式中，R_1、R_2分别为温度在t_1、t_2时的电阻计算用常数，铜导线取235，铝导线取225）
2	检查所有分接头的变压比	与技术协议及铭牌数据相比应无明显差别，且应符合变压比的规律	"无明显差别"可按如下考虑： （1）电压等级在35kV以下，变压比小于3的变压器变压比允许偏差不超过±1%； （2）其他所有变压器额定分接下变压比允许偏差不超过±0.5%； （3）其他分接的变压比应在变压器阻抗电压值（%）的1/10以内，但不得超过±1%
3	检查变压器的三相接线组别和单相变压器引出线的极性	应与设计要求及铭牌上的标记和外壳上的符号相符	
4	测量绕组连同套管的绝缘电阻	绝缘电阻值不低于产品出厂试验值的70%	使用2500V绝缘电阻表测量1min时的绝缘电阻值。当测量温度与产品出厂试验时的温度不符合时，可按下述公式校正到20℃时的绝缘电阻值：当实测温度为20℃以上时$R_{20}=AR_t$，当实测温度为20℃以下时$R_{20}=R_t/A$（式中，R_{20}为校正到20℃时的绝缘电阻值，R_t为在测量温度下的绝缘电阻值，$A=1.5^{K/10}$）
5	绕组连同套管的交流耐压试验	10kV电力变压器高压侧应进行交流耐压试验，试验电压按出厂值的80%进行。油浸式变压器耐受电压28kV（干式变压器耐受电压24kV），频率范围45~65Hz，时间60s，试验中电压稳定无击穿和闪络	（1）变压器试验电压是根据GB/T 1094.3—2017规定的出厂试验电压乘以0.8制订的； （2）干式变压器出厂试验电压是根据GB 1094.11—2007规定的出厂试验电压乘以0.8制订的
6	相位检查	检查变压器的相位，应与电网相位一致	
7	接地电阻测试	符合设计要求	

4.3.4.3　二次屏柜本体调试

（1）依据国家电力行业试验标准，进行配电自动化设备"三遥"传动试验、故障检测功能试验、后备电源系统功能试验等相关试验。

（2）依据国家电力行业试验标准，进行蓄电池组不同倍率放电性能、低温放电性能、充电接受能力、耐过放电能力、负荷保存能力、过充耐久能力等相关试验。

（3）二次回路的试验项目和要求（见表4-6）。

表4-6 二次回路试验项目和要求

序号	交接试验项目	要求	说明
1	绝缘电阻测量	（1）直流小母线和控制盘的电压小母线，在断开所有其他并联支路时不应小于2MΩ； （2）二次回路的每一支路和断路器、隔离开关、操动机构的电源回路不小于2MΩ；在比较潮湿的地方，允许降到0.5MΩ	采用500V或1000V绝缘电阻表
2	交流耐压试验	试验电压为1000V，可用2500V绝缘电阻表代替，或按照制造厂的规定	（1）48V及以下回路不做交流耐压试验； （2）带有电子元件的回路，试验时应将其取出或两端短接

（4）配电装置和电力馈线的试验项目和要求（见表4-7）。

表4-7 配电装置和电力馈线试验项目和要求

序号	交接试验项目	要求	说明
1	绝缘电阻测量	（1）配电装置每一段的绝缘电阻不应小于0.5MΩ； （2）电力馈线绝缘电阻一般不小于0.5MΩ	（1）采用1000V绝缘电阻表； （2）测量电力馈线的绝缘电阻时，应将熔断器、用电设备、电器和仪表等断开
2	配电装置交流耐压试验	试验电压1000V，可用2500V绝缘电阻表试验代替	配电装置耐压为各相对地，48V及以下的配电装置不做交流耐压试验
3	相位检查	各相两端及其连接回路的相位应一致	

注 配电装置指配电盘、配电台、配电柜、操作盘及其载流部分。

（5）配电自动化系统的试验项目和要求（见表4-8）。

表4-8 配电自动化系统试验项目和要求

序号	交接试验项目	要求	说明
1	配电终端常规检查	（1）装置软件版本、校验码记录检查； （2）装置绝缘电阻、绝缘强度检查	装置软件版本、校验码应与厂家出厂报告和现场调试报告的记录一致
2	"三遥"传动验收	（1）遥信量正确性检查； （2）遥测量正确性检查； （3）遥控量正确性检	遥控功能验收需要检查终端是否正确配置安全防护功能
3	故障检测功能检查	（1）根据实际的配置情况，对过电流、零序、过负荷等故障检测功能进行检查，检查按照实际定值进行； （2）故障检测信息检查	
4	后备电源系统功能检查	（1）交流电源失压，后备电源系统自动切换供电功能检查； （2）交流失电、后备电源低电压故障告警等信号检查； （3）直流量采集功能检查	
5	其他功能测试	（1）对时功能检查； （2）遥信变位上送时间测试； （3）遥测变化到主站系统画面显示时间测试	

4.3.4.4 引用标准

（1）GB 50150—2012《电气装置安装工程　电气设备交接试验标准》。

（2）Q/GDW 1519—2014《配电网运维规程》。

4.3.5 竣工验收

4.3.5.1 竣工技术资料

竣工技术资料应内容完整、数据准确并包括：施工中的有关协议及文件、安装工程量、工程说明、相关设计文件、设备材料明细表。

4.3.5.2 竣工图纸及其他文件资料

提交竣工图纸并提交下列资料和文件：

（1）施工图（包括全部工程施工及变更的图纸）；

（2）安装过程技术记录、缺陷及消缺记录；

（3）隐蔽工程施工记录、验收记录及工程签证；

（4）设计变更的证明文件（设计变更、洽商记录）；

（5）各种设备的制造厂提供的产品说明书、试验记录、合格证件及安装图纸等技术文件；

（6）工程安装技术记录（包括电气设备继电保护及自动装置的定值，元件整定、验收、试验、整体传动试验报告）；

（7）结构布置图及内部线缆连接图；

（8）设备参数、定值配置表、"三遥"信息表、随工验收记录、现场验收结论；

（9）电气设备的调整、试验（交接试验）、验收记录；

（10）备品、备件及专用工具清单；

（11）安全工器具、消防器材清单；

（12）有关协议文件。

第5章 配 电 室

5.1 方 案 选 取

5.1.1 PB－1（单母线，油浸式变压器 2×630kVA）

（1）主要技术原则：10kV 采用空气绝缘负荷开关柜，采用电缆进出线，户内单列布置；0.4kV 低压柜采用固定式、固定分隔式或抽屉式，进线总柜配置框架式断路器，馈线柜一般采用塑壳断路器；0.4kV 低压无功补偿采用自动补偿方式，补偿容量可根据实际情况按变压器容量的 10%～30%作调整，按三相、单相混合补偿方式；变压器选用高效节能环保型（低损耗、低噪声）产品，根据所供电区域的负荷情况选用 2 台油浸式变压器，容量为630kVA 及以下；根据消防要求，油浸式变压器应设置在独立式配电室内。PB－1 型 10kV 系统配置图如图 5－1 所示，PB－1 型 0.4kV 系统配置图如图 5－2 所示。

（2）适用范围：

1）适用于 A、B、C 类供电区域；

2）城市普通住宅小区、小高层、普通公寓等；

3）配电室的站址应接近负荷中心，应满足低压供电半径要求。

5.1.2 PB－2 配电室建设方案（单母线，干式变压器 2×800kVA）

（1）主要技术原则：10kV 采用空气绝缘负荷开关柜，采用电缆进出线，户内单列布置；0.4kV 低压柜采用固定式、固定分隔式或抽屉式，进线总柜配置框架式断路器，馈线柜一般采用塑壳断路器；补偿容量可根据实际情况按变压器容量的 10%～30%作调整，按三相、单相混合补偿方式；变压器选用高效节能环保型（低损耗、低噪声）产品，根据所供区域的负荷情况选用2台干式变压器,容量为 1250kVA 及以下（以 800kVA 为例）。PB－2型 10kV 系统配置图如图 5－3 所示，PB－2 型 0.4kV 系统配置图如图 5－4 所示。

（2）适用范围：

1）适用于 A、B、C 类供电区域；

2）城市普通住宅小区、小高层、普通公寓等；

3）配电室的站址应接近负荷中心，应满足低压供电半径要求。

10kV母线　630A

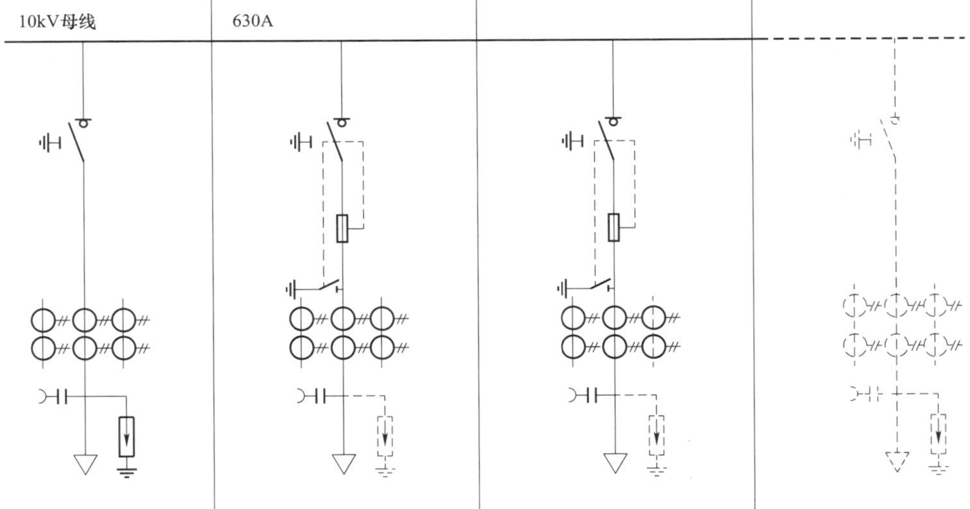

	G1	G2	G3	G4
宽度不大于(mm)	500	500	500	500
1　开关柜编号	G1	G2	G3	G4
2　额定电压（kV）	12	12	12	12
3　间隔名称	进线	1号变 630kVA	2号变 630kVA	馈线
4　SF₆负荷开关额定电流（A）	630	630	630	630
5　熔断器		63A 3只	63A 3只	
6　避雷器	3只	3只	3只	3只
7　电流互感器 0.5S	600/5 6只	100/5 6只	100/5 6只	600/5 6只
8　带电显示器	1只	1只	1只	1只

一次接线图

图 5-1 PB-1 型 10kV 系统配置图

95

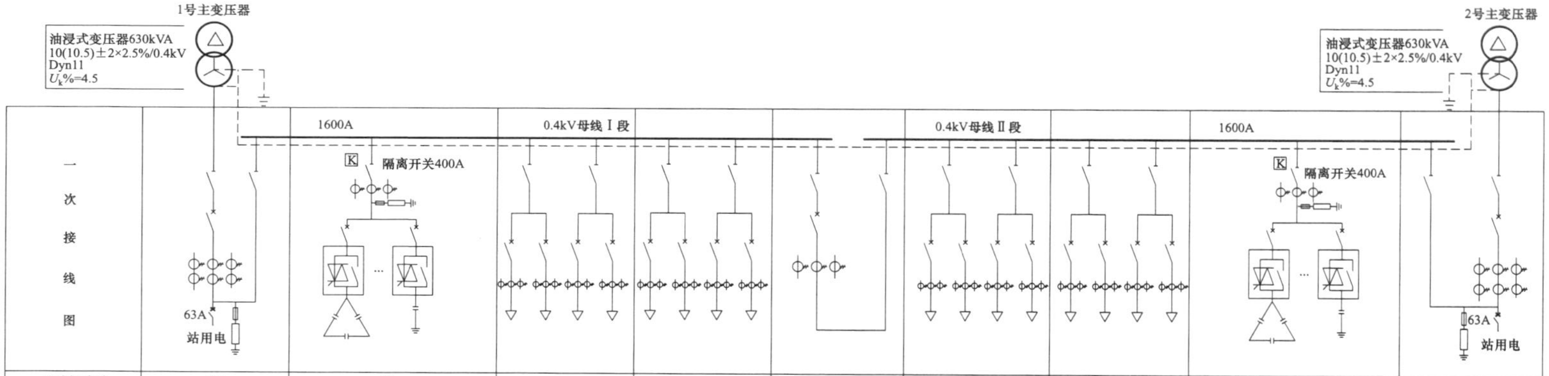

图5-2 PB-1型0.4kV系统配置图

1号主变压器
油浸式变压器630kVA
10(10.5)±2×2.5%/0.4kV
Dyn11
Uk%=4.5

2号主变压器
油浸式变压器630kVA
10(10.5)±2×2.5%/0.4kV
Dyn11
Uk%=4.5

开关柜编号	D1	D2	D3	D4	D5	D6	D7	D8	D9
开关柜用途	1号进线总柜	1号电容器柜	馈线柜	馈线柜	母联络柜	馈线柜	馈线柜	2号电容器柜	2号进线总柜
一次接线方案	固定柜	固定柜	固定柜	固定柜	固定柜	固定柜	固定柜	固定柜	固定柜
配电柜宽度(mm)	1000	1000	1000	1000	1000	1000	1000	1000	1000
1 隔离开关	HD13-1500/3 (2)	隔离开关400A (2)	HD13-1000/3 (2)	HD13-1000/3 (2)	HD13-1500/3 (2)	HD13-1000/3 (2)	HD13-1000/3 (2)	隔离开关400A (2)	HD13-1500/3 (2)
2 自动空气开关	1250A/3 (1)	按实际情况选配	400A (4)	400A (4)	1250A/3 (4)	400A (4)	400A (4)	按实际情况选配 (4)	1250A/3 (1)
3 电流互感器	1500/5 0.5S级 (6)	300/5 (6)	400/5 (4)	400/5 (4)	1500/5 (4)	400/5 (4)	400/5 (4)	300/5 (3)	1500/5 0.5S级 (6)
4 电流表	多功能数显表 (1)	多功能数显表 (1)	数显表 (4)	数显表 (4)	多功能数显表 (1)	数显表 (4)	数显表 (4)	多功能数显表 (1)	多功能数显表 (1)
5 电压表		按实际情况选配						按实际情况选配	
6 功率表功率因数表									
7 复合开关									
8 避雷器									
9 电容器		干式自愈式电容器100kvar						干式自愈式电容器100kvar	
10 指示灯	(1)	(1)		1对	1对			(4)	(1)
11 按钮	红、绿				红、绿				红、绿
12 换相开关(自控仪)	LW5-15 YH3/3 (1)				LW5-15 (1)				LW5-15 YH3/3 (1)
13 电流保护器	RS485接口 (1) T1级试验 (1)								T1级试验 RS485接口 (1)

1600A / 1600A / 63A 站用电

0.4kV母线 I段 0.4kV母线 II段

隔离开关400A

说明：
1. 两路低压进线总开关和母联开关应有可靠联锁装置。母联柜加装Ⅰ、Ⅱ段电源切换开关。
2. 本方案共用补偿容量100kvar，具体配置方案可根据实际工程情况选配。
3. 配电室可在0.4kV侧进线总柜加装计量装置和配变终端，控制无功补偿，满足常规电能参数采集和系统内线损计量考核。

96

一次接线图		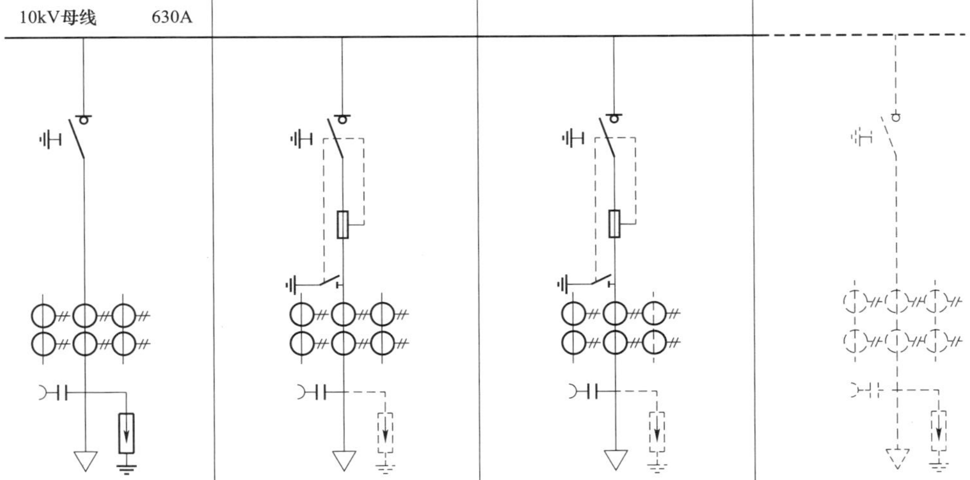			
宽度不大于(mm)		500	500	500	500
1	开关柜编号	G1	G2	G3	G4
2	额定电压	12kV	12kV	12kV	12kV
3	间隔名称	进线	1号变 800kVA	2号变 800kVA	馈线
4	SF_6负荷开关额定电流	630A	630A	630A	630A
5	熔断器		80A 3只	63A 3只	
6	避雷器	3只	3只	3只	3只
7	电流互感器 0.5S级	600/5 6只	100/5 6只	100/5 6只	600/5 6只
8	带电显示器	1只	1只	1只	1只

图 5-3 PB-2 型 10kV 系统配置图

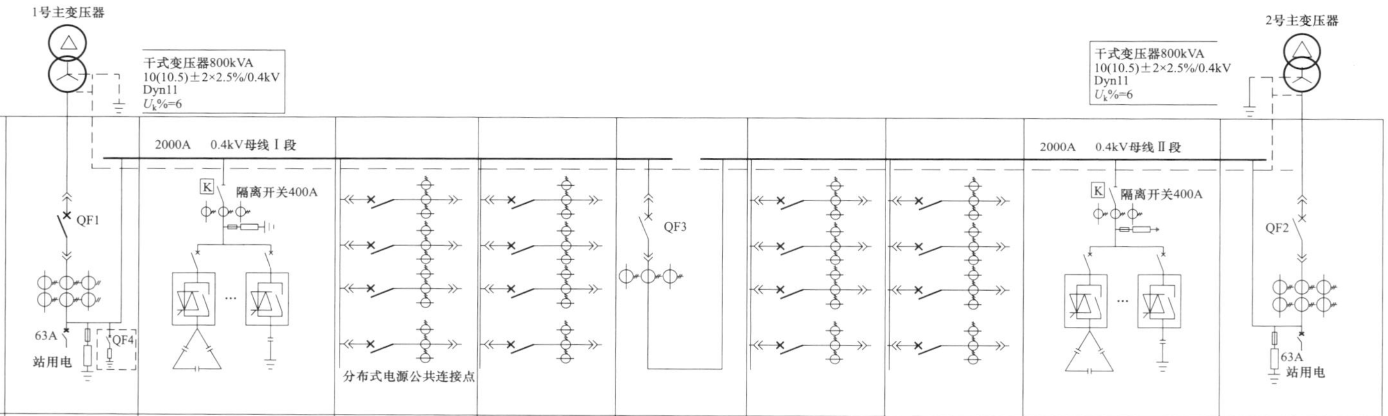

图5-4 PB-2型0.4kV系统配置图

一次接线图说明（变压器及母线部分）

- 1号主变压器：干式变压器800kVA，10(10.5)±2×2.5%/0.4kV，Dyn11，$U_k\%=6$
- 2号主变压器：干式变压器800kVA，10(10.5)±2×2.5%/0.4kV，Dyn11，$U_k\%=6$
- 0.4kV母线Ⅰ段 / 0.4kV母线Ⅱ段
- 隔离开关400A、2000A、1600A/3
- QF1、QF2、QF3、QF4
- 63A 站用电
- 分布式电源公共连接点

开关柜编号	D1	D2	D3	D4	D5	D6	D7	D8	D9
开关柜用途	1号进线总柜	1号电容器柜	出线柜	出线柜	联络柜	出线柜	出线柜	2号电容器柜	2号进线总柜
配电柜宽度(mm)	800	1000	600	600	1000	600	600	1000	800
1 断路器	1600A/3（1）	隔离开关400A（4）	400A（4）	400A（4）	1600A/3（1）	400A（4）	400A（4）	隔离开关400A（4）	1600A/3（1）
2 自动空气开关		按实际情况选配						按实际情况选配	
3 电流互感器	2000/5 0.5S级（6）	300/5（3）	400/5（12）	400/5（12）	2000/5 0.5S级（3）	400/5（12）	400/5（12）	300/5（3）	2000/5 0.5S级（6）
4 电流表	多功能数显表（1）	多功能数显表（1）	数显表（4）	数显表（4）	多功能数显表（1）	数显表（4）	数显表（4）	多功能数显表（1）	多功能数显表（1）
5 电压表									
6 功率表及功率因数表									
7 复合开关		按实际情况选配						按实际情况选配	
8 避雷器									
9 电容器		干式自愈式电容器120kvar						干式自愈式电容器120kvar	
10 指示灯	红、绿（1）	红、绿（1）			红、绿（1）			红、绿（1）	红、绿（1）
11 按钮	1	1						1	1
12 换相开关	LW5-15YH3/3（1）	LW5-15YH3/3（1）			LW5-15YH3/3（1）			LW5-15YH3/3（1）	LW5-15YH3/3（1）
13 电涌保护器	T1级试验、RS485接口（1）	T1级试验（1）						T1级试验（1）	T1级试验、RS485接口（1）
14 反孤岛装置			1						

说明：
1. 两路低压进线总开关和母联总开关要有可靠电气及机械联锁。母联柜加装Ⅰ、Ⅱ段电源切换开关。
2. 竖线框内为分布式电源反孤岛装置，该装置连接于低压总开关下端，采用低压电缆连接。
3. 本方案所用补偿容量120kvar，具体配置方案可根据实际工程情况选配。控制无功补偿终端。
4. 配电室可在0.4kV侧进线总柜加装计量装置，满足常规电能参数采集和系统内线损计量考核。

5.1.3 PB-5配电室建设方案（单母线分段，干式变压器4×800kVA）

（1）主要技术原则：10kV采用空气绝缘负荷开关柜，采用电缆进出线，户内单列布置；0.4kV低压柜采用固定式、固定分隔式或抽屉式，进线总柜配置框架式断路器，馈线柜一般采用塑壳断路器；0.4kV低压无功补偿采用自动补偿方式，补偿容量可根据实际情况按变压器容量的10%～30%作调整，按三相、单相混合补偿方式；变压器应选用高效节能环保型（低损耗、低噪声）产品，可根据所供区域的负荷情况选用4台干式变压器，容量为1250kVA及以下（以800kVA为例）。PB-5型10kV系统配置图如图5-5所示，PB-5型0.4kV系统配置图如图5-6所示。

（2）适用范围：

1）优先适用于A+、A类供电区域；

2）城市普通住宅小区、小高层、普通公寓等；

3）配电室的站址应接近负荷中心，应满足低压供电半径要求。

主母线 (630A)

项目	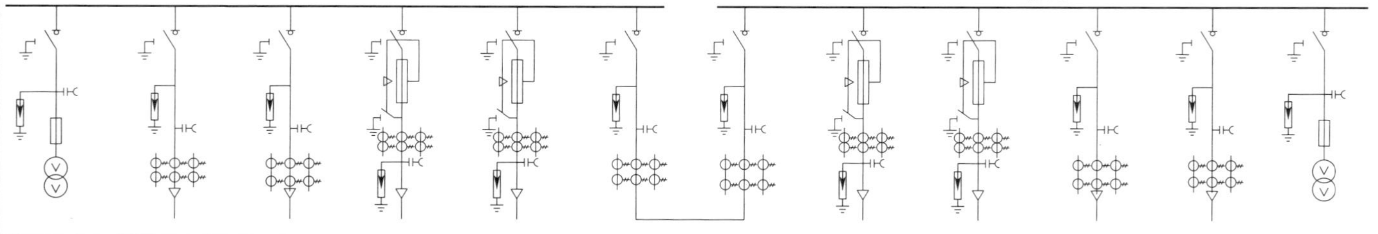 10kV I 段母线						10kV II 段母线					
开关柜尺寸 (宽×深×高)(mm)	500×850×1800	500×850×1800	500×850×1800	500×850×1800	500×850×1800	500×850×1800	500×850×1800	500×850×1800	500×850×1800	500×850×1800	500×850×1800	500×850×1800
开关柜编号	G1	G2	G3	G4	G5	G6	G7	G8	G9	G10	G11	G12
开关柜名称	I 段电压互感器柜	进线柜 I	馈线柜	配变柜1	配变柜3	馈线柜	馈线柜	配变柜4	配变柜2	馈线柜	进线柜 II	II 段电压互感器柜
额定电流 (A)	630	630	630	200	200	630	630	200	200	630	630	630
额定电压 (kV)	12	12	12	12	12	12	12	12	12	12	12	12
SF₆负荷开关	1台	1台	1台	1台	1台	1台	1台	1台	1台	1台	1台	1台
断路器												
高压熔断器XRNT1-10	1组			80A	80A			80A	80A			1组
带电显示器		1组	1组	1组	1组	1组	1组	1组	1组	1组	1组	
熔断器XRNP1-10/50kA	1A											1A
电压互感器 0.5级	10/0.1kV, 50VA											10/0.1kV, 50VA
电流互感器 0.5S/10P10		600/5	400/5	100/5	100/5	600/5		100/5	100/5	400/5	600/5	
干式变压器				1副	1副			1副	1副			
隔离/接地开关	1组	1组	1组	1组	1组	1组	1组	1组	1组	1组	1组	1组
避雷器17/45kV	1组											1组
电动操动机构	1副	1副	1副	1副	1副	1副	1副	1副	1副	1副	1副	1副

图5-5 PB-5型10kV系统配置图

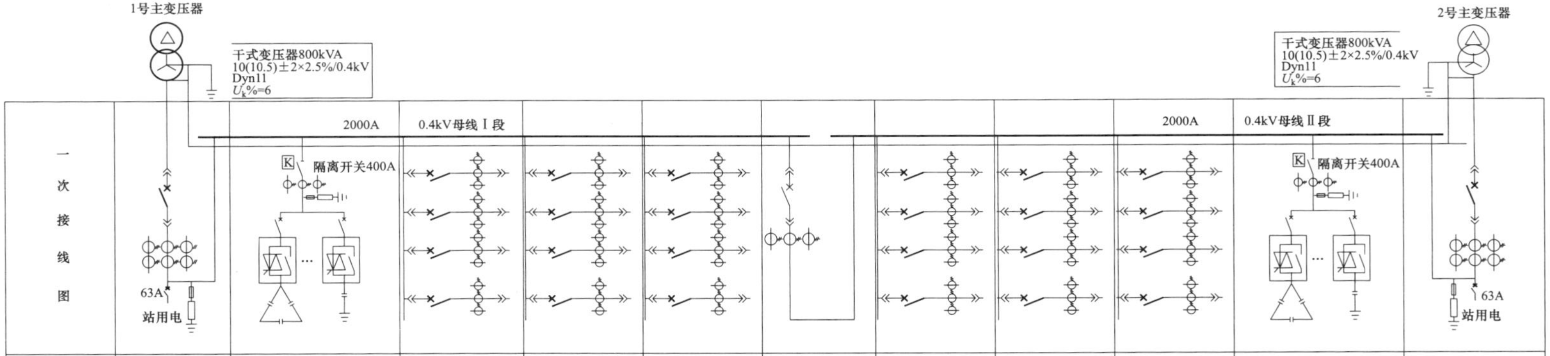

1号主变压器
干式变压器800kVA
10(10.5)±2×2.5%/0.4kV
Dyn11
U_k%=6
2号主变压器
干式变压器800kVA
10(10.5)±2×2.5%/0.4kV
Dyn11
U_k%=6
2000A
0.4kV母线Ⅰ段
2000A
0.4kV母线Ⅱ段
一次接线图
隔离开关400A
隔离开关400A
63A
站用电
63A
站用电

开关柜编号	D1		D2		D3		D4		D5		D6		D7		D8		D9		D10		D11	
开关柜用途	1号进线总柜		1号电容器柜		出线柜		出线柜		出线柜		联络柜		出线柜		出线柜		出线柜		2号电容器柜		2号进线总柜	
配电柜宽度 (mm)	800		1000		600		600		600		800		600		600		600		1000		800	
1 断路器	1600A/3	1	隔离开关400A		400A	4	400A	4	400A	4	1600A/3	1	400A	4	400A	4	400A	4	隔离开关400A		1600A/3	1
2 自动空气开关			按实际情况选配																按实际情况选配			
3 电流互感器	2000/5 0.5S级	6	300/5	3	400/5	12	400/5	12	400/5	12	2000/5	3	400/5	12	400/5	12	400/5	12	300/5	3	2000/5 0.5S级	6
4 电流表					数显表	4	数显表	4	数显表	4			数显表	4	数显表	4	数显表	4				
5 电压表	多功能数显表	1	多功能数显表	1							多功能数显表	1							多功能数显表	1	多功能数显表	1
6 功率表/功率因数表																						
7 复合开关			按实际情况选配																按实际情况选配			
8 避雷器																						
9 电容器			干式自愈式电容器120kvar																干式自愈式电容器120kvar			
10 指示灯		1				4		4		4		1		4		4		4				1
11 按钮	红，绿	1									红，绿	1									红，绿	1
12 换相开关	LW5–15 YH3/3	1		1							LW5–15YH3/3	1								1	LW5–15 YH3/3	1
13 电涌保护器	T1级试验，RS485接口	1	T1级试验	1															T1级试验	1	T1级试验，RS485接口	1

说明：1. 两路低压进线总开关和母联开关要有可靠电气及机械联锁。母联柜加装Ⅰ、Ⅱ段电源切换开关。

2. 本方案共用补偿容量 120kvar，具体配置方案可根据实际工程情况选配。

3. 配电室可在 0.4kV 侧进线总柜加装计量装置和配变终端，控制无功补偿，满足常规电参数采集和系统内线损计量考核。

图 5–6　PB–5 型 0.4kV 系统配置图

5.2 流 程 图

配电室安装施工流程图如图 5-7 所示。

图 5-7 配电室安装施工流程图

5.3 施 工 环 节

5.3.1 施工准备

（1）高、低压配电装置的设计、安装应符合有关国家标准和行业规范、规程及《国家电网公司配电网工程典型设计 10kV 配电站房分册（2016 年版）》的要求，推荐使用节能环保的设备。

（2）电气设备安装工程应按已批准的相关设计文件进行施工。涉及电网安全运行的新建或改建工程的设计图纸，须经运行管理单位审核。

（3）统一招标采购的设备和主材必须按照已经签订的招标订货技术条件进行验收。

（4）若到货的设备和主材不符合招标订货技术条件，应要求供货厂商整改。

5.3.2 到货验收

5.3.2.1 高压开关柜

（1）高压开关柜按照装箱单核对备品备件是否齐全，电器元件型号应符合设计图纸及设计要求。外观检查示意图如图 5-8 所示。

（2）高压开关柜应外观完好、漆面完整，无划痕、脱落，框架无变形，装在盘、柜上的电器元件应无损坏。

（3）高压开关柜各柜门标识牌明确清晰，箱体门和柜门打开后应大于 90°且开闭自如，锁具配置应齐备。

（4）高压开关柜内避雷器应外观完好，无破损、裂纹。各相避雷器的型号、规格一致，安装排列整齐，铜引线截面积不小于 2.5mm²，接地应连接可靠。外观检查示意图如图 5-9 所示。

（5）高压开关柜内接线端子排连线端部均应标明回路编号，编号必须正确，字迹清晰且不易脱色，二次控制回路使用的 BV 导线截面积不应小于 2.5mm²。

盘（柜）外观完好，
电器元件无损坏

图 5-8　外观检查示意图

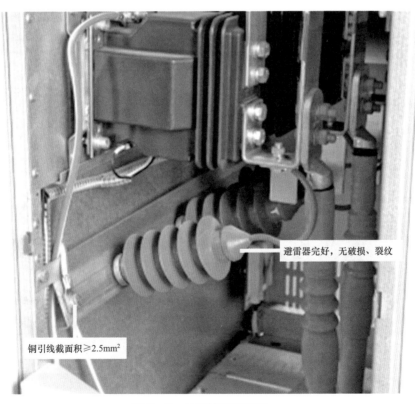

避雷器完好，无破损、裂纹

铜引线截面积≥2.5mm²

图 5-9　外观检查示意图

（6）设备本体活动部件应动作灵活、可靠，传动装置动作应正确，现场试操作 3 次。

5.3.2.2　低压开关柜

（1）检查低压开关柜本体外观应无损伤及变形，油漆应完整无损。

（2）低压开关柜内部检查：电器装置及元件、绝缘部件应齐全，无损伤、裂纹等缺陷。

（3）安装前应核对编号是否与安装位置相符，按设计图纸检查其箱号、箱内回路号。箱门接地应采用软铜编织线和专用接线端子，箱内接线应整齐。

5.3.2.3　变压器

（1）变压器应符合设计要求，附件、备件应齐全。

（2）本体及附件外观检查应无损伤及变形，油漆完好。

（3）油浸式变压器油箱应封闭良好，无漏油、渗油现象，油标处油面正常。

（4）气体继电器合格证、校验报告应齐全，无渗漏，方向标示清晰准确。

（5）带有防护罩的干式变压器，防护罩与变压器的安全距离应符合相关规范。

5.3.3　设备安装

5.3.3.1　高压开关柜安装

1. 施工质量要点

（1）依据电气安装图，核对主进线柜与进线套管位置是否相对应，并将进线柜定位，柜体应符合：垂直度偏差小于 1.5mm/m，最大偏差小于 3mm；侧面垂直度偏差小于 2mm。高压柜电器安装效果图如图 5-10 所示。

图 5-10　高压柜电器安装效果图

（2）相对排列的柜应以跨越母线柜为准，进行对面柜体的就位，保证两柜相对应，其左右偏差应小于 2mm。

（3）其他柜质量要求应符合：垂直度偏差小于 1.5mm/m；水平度偏差，相邻两盘顶部小于 2mm，成列盘顶部小于 5mm；盘间不平偏差，相邻两盘边小于 1mm，成列盘面小于 5mm；盘间接缝小于 2mm。

（4）整体安装后，各尺寸应符合规程规范要求，柜体与基础型钢应采用螺栓连接并固定牢固。

（5）柜内接地母线应与接地网可靠连接，接地材料规格不小于设计规定，每段柜接地引下线应不少于 2 点。

（6）柜、屏的金属框架及基础型钢应接地（PE）可靠；装有电器的可开启门和框架的接地端子间应用软铜线连接，软铜线截面积不应小于 2.5mm²，还应满足机械强度的要求，并做好标识。

（7）接地连接线的弯曲不能采用热处理，弯曲半径应符合规程要求，弯曲部位应无裂痕、变形。

（8）接地连接线刷漆颜色为黄绿相间，其顺序为：从左至右为先黄后绿，从里至外为先黄后绿。

（9）接地网的接地电阻值及其他测试参数应符合设计规定。

（10）当建筑物与开关柜共同使用建筑物接地网时，建筑物接地网应满足开关柜对接地网的阻值和动热稳定的要求。建筑物接地网与配电室至少应有 2 个方向的连接，与开关站至少应有 4 个方向的连接。

（11）10kV 高压开关柜的设备型钢应符合：垂直度偏差应不大于 1mm/m，全长不大于 5mm；水平度偏差应不大于 1mm/m，全长不大于 5mm；位置偏差及平行度全长应不大于 5mm。

（12）基础型钢应与接地母线连接，将接地扁钢引入并与基础型钢两端焊牢。焊缝长度为接地扁钢宽度的 2 倍，三面施焊。

2. 质量验收标准

（1）引用标准。

1）GB 50147—2010《电气装置安装工程　高压电器施工及验收规范》。

2）GB 50149—2010《电气装置安装工程　母线装置施工及验收规范》。

3）GB 50169—2016《电气装置安装工程　接地装置施工及验收规范》。

（2）验收规范。

1）开关柜评定、试验记录，制造厂提供的产品说明书、试验记录、合格证及安装图纸文件等技术文件，施工图及变更设计的文件应齐全。

2）开关柜与基础应固定可靠，柜、屏相互间以及与基础型钢应用镀锌螺栓连接，且防松动零件齐全。

3）每段基础型钢的两端应有明显的接地，基础型钢应与接地母线连接，将接地扁钢引入并与基础型钢两端焊牢，焊缝长度为接地扁钢宽度的 2 倍，三面施焊。

4）开关柜内互感器、避雷器等设备应与开关柜本体可靠接地，开关柜本体与站内接地装置相连应采用扁钢，每处设备的连接点应不少于 2 处。设备接地安装效果图如图 5－11 所示。

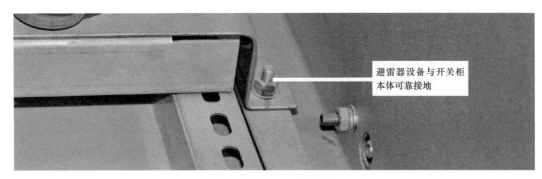

避雷器设备与开关柜本体可靠接地

图 5－11　设备接地安装效果图

5）开关柜内电气"五防"装置应齐全、符合相应逻辑关系，"五防"装置动作应灵活可靠。

6）门内侧应标出主回路的一次接线图，注明操作程序和注意事项，各类指示标识显示正常。

7）相邻开关柜应以每列第一面柜为准对齐，使用厂家专配并柜螺栓连接，调整好柜间缝隙后，紧固底部连接螺栓和相邻柜间连接螺栓。螺栓连接安装效果图如图 5－12 所示。

8）主母线连接孔应为长条孔，以调整间隙与应力。柜内母线平置时，贯穿螺栓应由下往上穿，螺母应在上方；其余情况下，螺母应置于维护侧，连接螺栓长度宜露出螺母 2～3 扣。母线连接安装效果图如图 5－13 所示。

9）主母线搭接部位安装绝缘护罩，柜内主母线及引下线须采用阻燃的母线绝缘套管包封。

相邻柜间连接螺栓固定

图 5－12　螺栓连接安装效果图

图 5-13　母线连接安装效果图

10）控制电缆的绝缘水平宜选用 450V 与 750V，控制电缆宜选用铜芯电缆，并应留有适当的备用芯并加装封套，不同截面的电缆，电缆芯数应符合规定。

11）二次回路线应标示清晰、横平竖直、整齐美观、捆扎一致。

12）调整好柜间缝隙后，紧固底部连接螺栓和相邻柜间连接螺栓。

13）整体安装完成后，各尺寸应符合规程规范要求，柜体应与基础型钢固定牢固。

5.3.3.2　低压柜安装

1. 施工质量要点

（1）抽屉式低压开关柜。

1）抽屉式组件要求插入、抽出灵活，并且接触良好，符合防爆要求。

2）抽屉功能单元应与开关的操动机构进行机械联锁，防止带负荷进行抽出操作。

3）出线柜出线断路器数量应保证出线断路器额定电流之和控制在出线柜母排所能承受的电流以下。

4）配备就地操作按钮，预留远方控制端子，并带远方、就地控制转换开关；就地控制时，所有框架断路器均带预储能；远方控制时，要求直接合闸，自保持。

5）二次回路用微型断路器作主开关，指示、取样电源部分在主开关母线侧取。每个进线柜二次室各带 1 只空气开关。

6）抽屉或低压开关柜元件、母排安装位置及绝缘一定要保证操作人员安全。低压配电装置的连线均应有明显的相别标记。抽屉式低压开关柜外观示意图如图 5-14 所示。

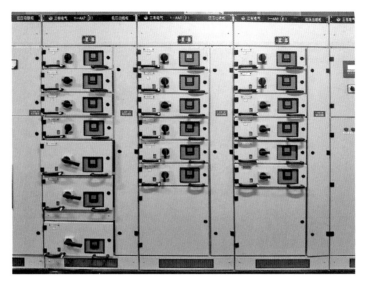

图 5-14　抽屉式低压开关柜外观示意图

（2）固定式低压开关柜。

1）柜门采用上、下门锁，并符合防爆要求。固定式低压开关柜外观示意图如图 5-15 所示。

图 5-15　固定式低压开关柜外观示意图

2）低压配电装置的连线均应有明显的相别标记。低压开关柜出线相序标识示意图如图 5-16 所示。

3）出线柜出线断路器数量应保证出线断路器额定电流之和控制在出线柜母排所能承受的电流以下。

4）配备就地操作按钮，预留远方控制端子，并带远方、就地控制转换开关；框架断路器带操作次数计数器，带预储能；远方控制时，要求直接合闸，自保持。

5）二次回路用微型断路器作主开关，指示、取样电源部分在主开关母线侧取。每个进线柜二次室各设置 1 只微型断路器。

相色标识

图 5-16　低压开关柜出线相序标识示意图

2. 质量验收标准

（1）引用标准。

1）GB 50169—2016《电气装置安装工程　接地装置施工及验收规范》。

2）GB 50171—2012《电气装置安装工程　盘、柜及二次回路接线施工及验收规范》。

3）GB 50254—2014《电气装置安装工程　低压电器施工及验收规范》。

（2）验收规范。

1）低压屏柜试验、评定记录，制造厂提供的产品说明书、试验记录、合格证及安装图纸文件等技术文件，施工图及变更设计的文件应齐全。

2）柜、屏的金属框架及基础型钢必须接地（PE）可靠；装有电器可开启屏门和框架的接地端子间应用软铜线连接，软铜线截面积不应小于 25mm²，还应满足机械强度的要求，并做好标识。

3）柜、屏之间以及与基础型钢应用镀锌螺栓连接，且防松动零件齐全。

5.3.4　变压器安装

5.3.4.1　施工要点

（1）安装干式变压器时，室内相对湿度宜保持在 70%以下。

（2）搬运变压器时，应注意保护瓷套管，使其不受损伤。

（3）当利用机械牵引变压器时，牵引的着力点应在设备重心以下，运输角度不得超过 15°。

（4）变压器就位时，应注意其方位和距墙尺寸应与图纸相符，允许误差为±25mm。

图纸无标注时，纵向按轨道定位，横向距离不得小于 800mm，距门不得小于 1000mm。变压器安装效果图如图 5-17 所示。

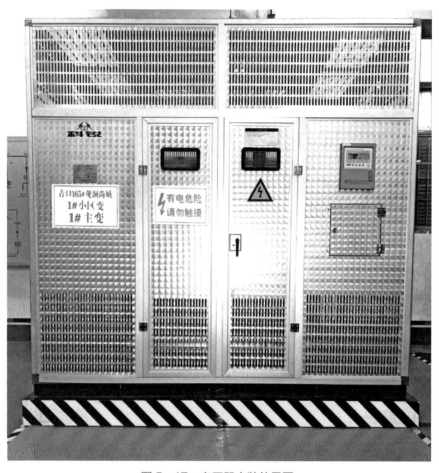

图 5-17 变压器安装效果图

（5）装有气体继电器的变压器，应使其顶盖沿气体继电器气流方向有 1%～1.5%的升高坡度。

（6）应注意压力释放阀事故排油时不致危及其他电器设备。

（7）干式变压器的电阻温度计导线应加以适当的附加电阻校验调试后方可使用。

（8）干式变压器软管不得有压扁或死弯，弯曲半径不得小于 50mm，富余部分应盘圈并固定在温度计附近。

（9）安装绝缘护罩时，扣件应正确到位，相色与变压器相位一致，并可拆装重复使用。

（10）变压器基础的轨道应水平，轨距与轮距应配合。

（11）油浸式变压器的安装方向应能在带电的情况下，便于观测储油柜中的油位、上层油温、气体继电器等。

（12）变压器的安装应采取抗振措施。稳装在混凝土地坪上的变压器安装如图 5-18 所示，有混凝土轨梁宽面推进的变压器安装如图 5-19 所示。

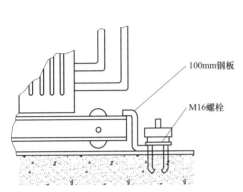

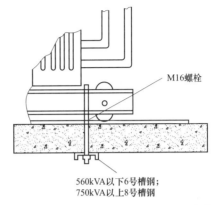

图 5-18　变压器稳装在混凝土地坪示意图　　图 5-19　有混凝土轨梁宽面的变压器安装示意图

5.3.4.2　质量验收标准

1. 引用标准

（1）GB 50148—2010《电气装置安装工程　电力变压器、油浸电抗器、互感器施工及验收规范》。

（2）GB 50147—2010《电气装置安装工程　高压电器施工及验收规范》。

（3）GB 50169—2016《电气装置安装工程　接地装置施工及验收规范》。

2. 验收规范

（1）变压器评定记录，制造厂提供的产品说明书、试验报告、合格证及安装图纸文件等技术文件，施工图及变更设计的文件应齐全。

（2）变压器安装应位置正确、附件齐全，油浸式变压器油位应正常，无渗油现象，测温仪表指示应准确。

（3）接地装置引出的接地干线应与变压器的低压侧中性点直接连接；变压器箱体、干式变压器的支架或外壳应接地（PE）；所有连接应可靠，紧固件及防松零件应齐全。

（4）调压开关的传动部分应润滑良好、动作灵活，点动给定位置与开关实际位置应一致。

（5）绝缘件应无裂纹、缺损和瓷件瓷釉损坏等缺陷，外表应清洁。

（6）装有滚轮的变压器就位后，应将滚轮用能拆卸的制动部件固定。

（7）装有气体继电器的变压器，应检查沿气体继电器的气流方向是否有 1.0%~1.5% 的升高度。

5.3.5　设备调试

5.3.5.1　开关柜调试

（1）依据国家电力行业试验标准，进行开关柜绝缘试验、工频耐压试验、继电保护装置整定试验、主回路电阻测量及接地电阻测量等相关试验。

（2）高压开关柜的试验项目和要求（见表5-1）。

表5-1　　　　　　　　　　　　　高压开关柜试验项目和要求

序号	交接试验项目	要求	说明
1	绝缘电阻测量	（1）整体绝缘电阻值自行规定。 （2）用有机物制成的拉杆的绝缘电阻值不应低于下列数值：大修后1000MΩ；运行中300MΩ。 （3）控制回路绝缘电阻值不小于2MΩ	一次回路用2500V绝缘电阻表；控制回路用500V或1000V绝缘电阻表
2	交流耐压试验	试验电压值为42kV×0.8	试验在主回路对地及断口间进行
3	导电回路电阻测量	（1）投运前和大修后，应符合制造厂规定； （2）运行中根据实际情况规定	用直流压降法测量，电流值不小于100A
4	合闸电磁铁线圈的操作电压测量	在制造厂规定的电压范围内应可靠动作	
5	合闸时间，分闸时间，三相触头分、合闸同期性测试	应符合制造厂规定	在额定操作电压下进行
6	合闸电磁铁线圈和分闸线圈直流电阻测量	应符合制造厂规定	
7	利用远方操作装置检查分段器的动作情况	按规定操作顺序在试验回路中操作3次，动作应正确	
8	SF_6气体泄漏测试	单点检测泄漏值不大于$0.2×10^{-12}$MPa·mL/s	（1）单点检测应采用灵敏度不低于$1×10^{-6}$（体积比）检漏仪进行； （2）单点泄漏值超标时，可采用定量检测法进行复核，年泄漏率不得大于1%
9	绝缘油击穿电压试验	大修后：≥35kV；运行中：≥30kV	
10	自动计数操作	按制造厂的规定完成计数操作	

5.3.5.2　低压柜调试

（1）依据国家电力行业试验标准，进行低压柜绝缘电阻、配电装置交流耐压试验、相序检查等相关试验。

（2）低压柜的试验项目和要求（见表5-2）。

表5-2　　　　　　　　　　　　　低压柜试验项目和要求

序号	交接试验项目	要求	说明
1	绝缘电阻测量	（1）配电装置每一段的绝缘电阻不应小于0.5MΩ； （2）电力馈线绝缘电阻一般不小于0.5MΩ	（1）采用1000V绝缘电阻表； （2）测量电力馈线的绝缘电阻时，应将熔断器、用电设备、电器和仪表等断开
2	配电装置交流耐压试验	试验电压1000V，可用2500V绝缘电阻表试验代替	配电装置耐压为各相对地，48V及以下的配电装置不做交流耐压试验
3	相序检查	各相两端及其连接回路的相序应一致	

注　配电装置指配电盘、配电台、配电柜、操作盘及其载流部分。

5.3.5.3 变压器调试

（1）依据国家电力行业试验标准，进行变压器绕组直流电阻、绕组绝缘电阻、油浸式变压器和消弧线圈绕组的 $\tan\delta$、绝缘油试验、绝缘电阻、交流耐压试验、穿芯螺栓、夹件、绑扎钢带、铁芯、线圈压环及屏蔽等的绝缘电阻、变压器绕组变压比、三相变压器的接线组别等相关试验。

（2）变压器的试验项目和要求（见表 5-3）。

表 5-3　　　　　　　　　　变压器试验项目和要求

序号	交接试验项目	要求	说明
1	绕组直流电阻测量	1.6MVA 及以下变压器，相间差别一般不应大于三相平均值的 4%；线间差别一般不应大于三相平均值的 2%	（1）如电阻相间差在出厂时已超过规定，制造厂说明了产生这种偏差的原因，可按要求 3 执行；（2）不同温度下的电阻值按下式换算：$R_2=R_1(T+t_2)/(T+t_1)$（式中 R_1、R_2 分别为在温度 t_1、t_2 下的电阻值；T 为电阻温度常数，铜导线取 235，铝导线取 225）；（3）无励磁调压变压器应在运行分接位置锁定后测量直流电阻
2	绕组绝缘电阻测量	绝缘电阻换算至同一温度下，与上一次试验结果相比应无明显变化	（1）用 2500V 及以上绝缘电阻表；（2）测量前，被试绕组应充分放电
3	油浸式变压器和消弧线圈绕组的 $\tan\delta$	（1）20℃时的 $\tan\delta$ 不大于 1.5%。（2）$\tan\delta$ 值与历年的数值比较不应有明显变化（一般不大于 30%）。（3）试验电压如下：绕组电压 10kV 及以上为 10kV；绕组电压 10kV 以下为 U_n	不同温度下的 $\tan\delta$ 值一般可用下式换算：$$\tan\delta_2=\tan\delta_1\times1.3^{(t_2-t_1)/10}$$（式中 $\tan\delta_1$、$\tan\delta_2$ 分别为在温度 t_1、t_2 下的 $\tan\delta$ 值）
4	绝缘油试验		投运前和大修后的试验项目和标准与交接时相同
5	交流耐压试验	（1）油浸设备试验电压值符合 GB 50150—2016 要求；（2）干式变压器试验电压值按 GB 50150—2016 要求	投运前和大修后的试验项目和标准与交接时相同
6	穿芯螺栓、夹件、绑扎钢带、铁芯、线圈压环及屏蔽等的绝缘电阻测量	一般不低于 10MΩ	（1）用 2500V 绝缘电阻表；（2）连接片不能拆开者可不测量
7	变压器绕组变压比测试	（1）各相应分接的电压比顺序应与铭牌相同；（2）电压 35kV 以下，变压比小于 3 的变压器变压比允许偏差为 ±1%，其他所有变压器的额定分接变压比允许偏差为 ±0.5%，其他分接的偏差应在变压器阻抗值（%）的 1/10 以内，但不得超过 1%	
8	三相变压器的接线组别测试	必须与变压器的铭牌和出线端子标与相符	
9	变压器空载电流和空载损耗试验	与出厂试验值相比应无明显变化	试验电源可用三相或单相；试验电压可用额定电压或较低电压（如制造厂提供了较低电压下的测量值）
10	变压器短路阻抗和负荷损耗试验	与出厂试验值相比应无明显变化	试验电源可用三相或单相，试验电流可用额定电流或较低电流值（如制造厂提供了较低电流下的值，可在相同电流下进行比较）

序号	交接试验项目	要求	说明
11	环氧浇注型干式变压器的局部放电测试	按 GB 1094.11—2007 规定执行	按 GB 1094.11—2007 规定执行
12	测温装置及其二次回路试验	密封良好，指示正确，测温电阻值应和出厂值相符，在规定的检定周期内使用，绝缘电阻不低于 1MΩ	测绝缘电阻用 2500V 绝缘电阻表
13	气体继电器及其二次回路试验	（1）按制造厂的技术要求； （2）整定值符合运行规程要求，动作正确； （3）绝缘电阻一般不低于 1MΩ	采用 2500V 绝缘电阻表
14	整体密封检查	管状和平面油箱变压器采用超过储油柜顶部 0.6m 油柱试验（约 5kPa 压力），对于波纹油箱和有散热器的油箱采用超过储油柜顶部 0.3m 油柱试验（约 2.5kPa 压力），试验时间 12h 无渗漏	干式变压器不检查

5.3.6 竣工验收

5.3.6.1 竣工技术资料

竣工技术资料应内容完整、数据准确并包括：施工中的有关协议及文件、安装工程量、工程说明、相关设计文件、设备材料明细表。

5.3.6.2 竣工图纸及其他文件资料

提交竣工图纸并提交下列资料和文件：

（1）施工图（包括全部工程施工及变更的图纸）；

（2）安装过程技术记录、缺陷及消缺记录；

（3）隐蔽工程施工记录、验收记录及工程签证；

（4）设计变更的证明文件（设计变更、洽商记录）；

（5）各种设备的制造厂提供的产品说明书、试验记录、合格证件及安装图纸等技术文件；

（6）工程安装技术记录（包括电气设备继电保护及自动装置的定值，元件整定、验收、试验、整体传动试验报告）；

（7）结构布置图及内部线缆连接图；

（8）设备参数、定值配置表，"三遥"信息表、随工验收记录、现场验收结论；

（9）备品、备件及专用工具清单；

（10）安全工器具、消防器材清单；

（11）有关协议文件。

第6章 门禁管理系统

6.1 到 货 验 收

（1）在设备进场前，施工单位或建设单位应委托鉴定单位对其响应速度、防撬功能等进行检测，并出具检测报告。

（2）安装前应确保型号、外形尺寸与图纸相符，塑料外壳表面应无裂痕、褪色及永久性污渍，亦无明显变形和划痕。

（3）门禁控制器：主要技术指标及其功能应符合设计和使用要求，并有产品合格证，零部件应紧固、无松动。门禁控制系统外观示意图如图6-1所示。

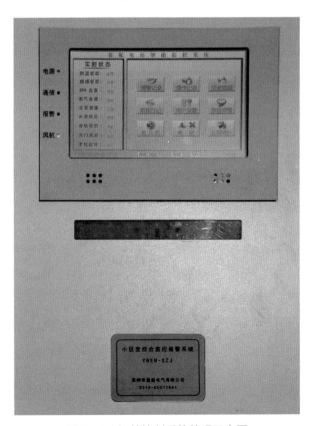

图6-1 门禁控制系统外观示意图

（4）读卡器（生物识别器）：能读取卡片中数据（生物特征信息），零部件应紧固、无松动。

（5）进出按钮：按下能打开门，适用于对出门无限制的情况。

（6）电源：能供给整个系统各个设备的电源，分为普通和后备式（带蓄电池的）两种。

（7）闭门器：开门后能自动使门恢复至关闭状态。

（8）电控锁：电控锁的主要技术及其功能应符合设计和使用要求，并有产品合格证。

（9）智能门禁卡：通过卡片能够开启大门。门禁卡安装效果图如图6-2所示。

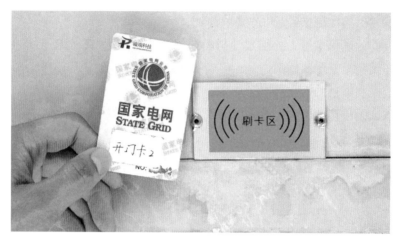

图6-2 门禁卡安装效果图

（10）绝缘导线：门禁系统的传输线路应采用铜芯绝缘导线，其电压等级不应低于交流250V，并有产品合格证。门禁系统传输线路的线芯截面选择，除满足自动报警装置技术条件的要求外，还应满足机械强度的要求。

6.2 安 装 要 点

6.2.1 门禁系统安装

（1）系统建筑物内垂直干线应采取金属管、封闭式金属线槽等保护方式进行布线。与裸放的电力电缆的最小净距为800mm，与放在有接地的金属槽或钢管中的电力电缆最小净距为150mm。控制线路安装示意图如图6-3所示。

图 6-3　控制线路安装示意图

（2）水平子系统应穿钢管埋于墙内，禁止与电力电缆穿在同一管内。

（3）吊顶内施工时，须穿于 PVC 管或蛇皮软管内；安装设备处须放过线盒，PVC 管或蛇皮软管进入线盒，线缆禁止暴露在外。

（4）弱电线路的电缆竖井应与强电线路的电缆竖井分别设置；如受条件限制必须合用同一竖井时，应分别布置在竖井的两侧。

（5）穿管绝缘导线或电缆的总截面积不应超过管内截面积的 40%。

（6）敷设于封闭线槽内的绝缘导线或电缆的总截面积不应大于线槽净截面积的 50%。

6.2.2　端子箱安装

（1）设置在专用竖井内的端子箱，应根据设计要求的高度及位置，采用金属膨胀螺栓将箱体固定在墙壁上，管进箱处应带好护口，将干线电缆和支线分别引入。

（2）剥去电缆绝缘层和导线绝缘层，使用校线耳机，两人分别在线路两端逐根核对导线编号。

（3）将导线留有一定长度的余量，然后绑扎成束，分别设置在端子板两侧。

（4）原则上先压接从中心引来的干线，后压接水平线路。

6.3　调　试　验　收

（1）器具的接地（接零）保护措施和其他安全要求必须符合施工规范规定。

（2）导线的压接必须牢固可靠，线号应正确齐全。导线规格必须符合设计要求和国家标准的规定。

（3）端子箱固定应稳固，贴脸与墙面应平整。

（4）端子箱内各线路电缆应排列整齐、线号清楚，导线应绑扎成束，端子号应相互对应、字迹清晰。导线接头或线缆敷设严禁有拧绞、护层断裂和表面严重划伤、缺损等现象。必须留有足够的余量以备压接和检测，导线或电缆应做好线路线号标记。各路导线接头应正确、牢固、编号清晰、绑扎成束。缆线标识示意图如图6-4所示。

图6-4　缆线标识示意图

（5）导线压接后，应摇测各回路的绝缘电阻，绝缘电阻值应不小于 0.5MΩ。

第7章 视频监控系统

7.1 到 货 验 收

（1）检查设备型号、外形尺寸，应与图纸相符，质量证明文件及出厂合格证应齐全。外壳表面涂覆不能露出底层金属，应无起泡、腐蚀、缺口、涂层脱落、砂孔、变形等缺陷。

（2）摄像机：摄像机镜头应能够调节光圈、焦距、摄像距离使图像清晰。检查设备类型、焦距、光圈类型、放大倍数、稳定性等性能参数。摄像机安装效果图如图7-1所示。

图7-1 摄像机安装效果图

（3）云台：检查设备负重量、安装方式、稳定性等性能参数。

（4）护罩：检查设备类型、密封性、附加功能等性能参数。

（5）解码器（室内、室外）：检查设备类型、密封性、输出/输入电压、电流、功率等性能参数。

（6）传输电缆：检查线缆型号、长度。

7.2 安 装 要 点

7.2.1 监控系统安装

（1）系统建筑物内垂直干线应采取金属管、封闭式金属线槽等保护方式进行布线。与裸放的电力电缆的最小净距为 800mm；与放在有接地的金属槽或钢管中的电力电缆最小净距为 150mm。

（2）水平子系统应穿钢管埋于墙内，禁止与电力电缆穿在同一管内。

（3）吊顶内施工时，须穿于 PVC 管或蛇皮软管内；安装设备处须放过线盒，PVC 管或蛇皮软管进入线盒，线缆禁止暴露在外。

（4）弱电线路的电缆竖井应与强电线路的电缆竖井分别设置；如受条件限制必须合用同一竖井时，应分别布置在竖井的两侧。

（5）穿管绝缘导线或电缆的总截面积不应超过管内截面积的 40%。

（6）敷设于封闭线槽内的绝缘导线或电缆的总截面积不应大于线槽净截面积的 50%。

7.2.2 监视器安装

（1）先将预留的导线用剥线钳剥去绝缘外皮，露出线芯 10～15mm（注意不要撕掉线号套管），顺时针压接在底座的各级接线端上，然后将底座用配套的螺钉固定在预埋盒上。

（2）采用总线制并需进行编码的监视器，应在安装前对照厂家技术说明书的规定，按层或区域事先进行编码分类，然后再按照上述工艺要求安装。

7.3 调 试 验 收

（1）器具的接地（接零）保护措施和其他安全要求必须符合施工规范规定。

（2）导线的压接必须牢固可靠，线号应正确、齐全。导线规格必须符合设计要求和国家标准的规定。

（3）端子箱固定应稳固，贴合面应与墙面平整。

（4）端子箱内各线路电缆应排列整齐、线号清楚，导线应绑扎成束，端子号应相互对应、字迹清晰。导线接头或线缆敷设严禁有拧绞、护层断裂和表面严重划伤、缺损等现象。必须留有足够的余量以备压接和检测，导线或电缆应做好线路线号标记。各路导线接头应正确、牢固、编号清晰、绑扎成束。端子箱内线缆敷设效果图如图 7-2 所示。

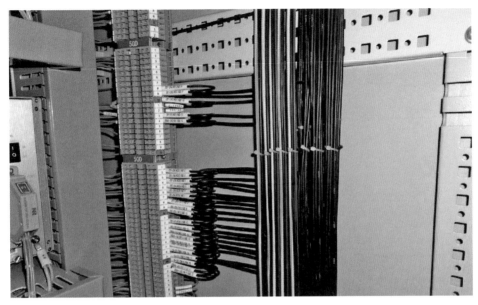

图 7-2　端子箱内线缆敷设效果图

（5）导线压接后，应摇测各回路的绝缘电阻，绝缘电阻值应不小于 0.5MΩ。

（6）系统应等电位接地。接地装置应满足系统抗干扰和电气安全的双重要求，不得与强电网中性线短接或混接。系统单独接地时，接地电阻不得大于4Ω。

（7）摄像机镜头监视范围内不准有障碍物，云台摄像机镜头的摆动不准有阻挡，要保证摄像机镜头的高清晰度。

（8）云台要求能使摄像机做上、下、左、右、旋转等运动。

（9）画面分割器要求具有顺序切换、画中画、画面输出显示、回放影像、时间、日期、标题显示等功能。监控终端调试示意图如图7-3所示。

图 7-3　监控终端调试示意图

第8章 消 防 系 统

8.1 气体灭火报警系统

8.1.1 到货验收

（1）检查质量证明文件及出厂合格证是否齐全。检查火灾探测器、离子式探测器、光电式探测器、线型感烟探测器、感温式火灾探测器等设备型号、外形尺寸与图纸是否相符，感温电缆表面应光滑、平整，不得变形、断裂。

（2）检查设备的表面处理和镀层是否均匀、完整，表面应光洁且无脱落、气泡等缺陷。

（3）对前端探测器、各类线缆、管材、联动装置等设备的各项功能进行检测。

（4）检查容器、容器阀、探火管、释放管（间接式时）等部件的外观质量，要求其表面和螺纹连接处无碰撞变形和机械损伤，表面涂层应完好。

（5）检查容器阀侧部的小球阀手柄，应处于关闭状态且应关闭完全，球阀保护套应安装可靠。

8.1.2 安装要点

8.1.2.1 防护区要求

（1）防护区必须为封闭独立区域。

（2）在防护区外应设置声光报警、释放信号标志、紧急启停按钮。

（3）为保证人员的安全撤离，在释放灭火剂前，应产生火灾报警信号，火灾报警至释放灭火剂的延时时间为 30s。

（4）为保证灭火的可靠性，在灭火系统释放灭火剂之前，应保证必要的联动操作，即报警系统在发出灭火指令前，应先发出联动命令，切断电源、关闭或停止一切影响灭火效果的设备。

（5）灭火系统的使用环境温度为 0～50℃。

（6）防护区围护结构及门窗的耐火极限均不宜低于 0.5h，吊顶的耐火极限不宜低于 0.25h。

（7）根据《气体灭火系统设计规范》（GB 50370—2005），设有七氟丙烷灭火系统的建筑物，防护区应配置泄压装置。泄压口宜设在外墙上，应位于防护区净高 2/3 以上，泄压口应具有泄放多余压力后自动关闭以及防止火灾蔓延的性能。

（8）喷放灭火剂前，防护区内除泄压口外的开口应能自行关闭。

（9）消防控制电源必须具备双回路供电，并配备自动切换装置。电源切换箱安装效果图如图 8-1 所示。

图 8-1　电源切换箱安装效果图

8.1.2.2　柜式七氟丙烷灭火装置安装

（1）将灭火装置平稳放置，用专业固定卡将灭火装置用膨胀螺栓固定。

（2）为了保证产品安全，为防止发生误喷现象，应将启动瓶与药剂瓶组连线的启动管路断开；设备安装完成后，再将电磁启动器上的锁定钢丝销拔出，连接启动瓶与药剂瓶间的启动管路。

（3）将报警控制器输出线路与灭火装置电磁启动器线路相连接（一般采用 RVS2×

1.5mm² 双绞线），报警控制器输出的灭火信号必须是 DC24V/1.5A。

柜式七氟丙烷灭火装置安装效果图如图 8-2 所示。

图 8-2　柜式七氟丙烷灭火装置安装效果图

（4）将报警控制器灭火信号反馈线与信号反馈装置线路相连接（一般采用 RVS2×1.5mm² 双绞线），与信号反馈装置相连接的线路必须是无源干触点信号。

（5）报警安装说明：

1）声光报警器和放气指示灯安装在门的上方（门上方无空间的放在门的侧边）；

2）气体灭火控制器和紧急启停按钮安装高度距地为 1500mm；

3）感烟探测器和感温探测器在房屋顶均匀安装，距端墙不小于 500mm，不应有遮挡物。感烟探测器安装效果图如图 8-3 所示。

（6）电气信号线路均应采用 ZR-RVS2×1.0mm² 阻燃电线，电气控制线路采用 ZR-RVS2×1.0mm² 阻燃电线。

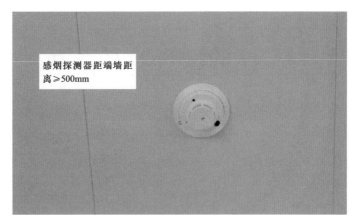

图8-3 感烟探测器安装效果图

8.1.3 调试验收

（1）灭火装置的调试：将灭火信号线接入对应灭火装置的电磁启动器，灭火信号反馈线接入信号反馈装置，分别以自动和手动方式从火灾报警灭火控制器输出灭火信号，检查电磁启动器动作情况（弹出声音清脆，无卡阻现象）。同时，检查报警系统延时时间是否准确，各部件是否与操作同步。

（2）检查线路连接：火灾报警灭火控制器输入线与电磁启动器的连接，反馈线与信号反馈装置的连接。

（3）灭火装置调试时，为避免发生系统误动作引起灭火剂喷放，必须将电磁驱动器取下，输入灭火信号（气体灭火控制盘输出 DC24V/1.5A）启动电磁启动器，检测电磁启动器动作状态（阀针弹出电磁启动器）。

（4）检查消防用电设备电源（应为独立电源）的自动切换装置，应进行 3 次切换调试，每次调试均应正常。

8.2 开关柜自动灭火装置

8.2.1 到货验收

包装应完好，出厂合格证及检测报告应齐全。

8.2.2 安装要点

（1）灭火装置吸附在开关柜间隔侧面的中间位置，感温线缆缠绕在易起火的线缆上。

（2）采用总线制把所有装置串联起来，总线接入消防控制盘内。

（3）控制线缆材料应选用带屏蔽的 $2 \times 1.0 \text{mm}^2$ 软铜线。

8.3　开关柜感温自启动灭火装置

8.3.1　到货验收

（1）检查质量证明文件及出厂合格证是否齐全。检查火灾探测器、离子式探测器、光电式探测器、线型感烟探测器、感温式火灾探测器等设备型号、外形尺寸与图纸是否相符，感温电缆表面应光滑、平整，不得变形、断裂。

（2）检查设备的表面处理和镀层是否均匀、完整，表面应光洁且无脱落、气泡等缺陷。

（3）应对前端探测器、各类缆线、管材、联动装置等设备的各项功能进行检测。

（4）检查容器、容器阀、探火管、释放管（间接式时）等部件的外观质量，要求其表面和螺纹连接处无碰撞变形和机械损伤，表面涂层应完好。

（5）检查容器阀侧部的小球阀手柄，应处于关闭状态且应关闭完全，球阀保护套应安装可靠。

（6）检查消防器材压力表是否符合消防规范。

8.3.2　安装要点

8.3.2.1　布线要求

（1）火灾自动报警系统布线应根据现行国家标准的规定，对导线的种类、电压等级进行检查。

（2）在管内或线槽内的穿线，应在建筑抹灰及地面工程结束后进行。在穿线前，应将管内或线槽内的积水及杂物清除干净。

（3）不同系统、不同电压等级、不同电流类别的线路，不应穿在同一管内或线槽的同一槽孔内。

（4）导线在管内或线槽内不应有接头或扭结，导线的接头应在接线盒内焊接或用端子连接。

（5）敷设在多尘或潮湿场所管路的管口和管连接处，均应作密封处理。

（6）管路超过下列长度时，应在便于接线处装设接线盒：

1）管子长度每超过 45m，无弯曲时；

2）管子长度每超过 30m，有 1 个弯曲时；

3）管子长度每超过 20m，有 2 个弯曲时；

4）管子长度每超过 12m，有 3 个弯曲时。

（7）管子入盒时，盒外侧应套锁母，内侧应装护口。在吊顶内敷设时，盒的内外侧均应套锁母。

（8）在吊顶内敷设设备类管路和线槽时，宜采用单独的卡具吊装或支撑物固定。

（9）线槽直线段应每隔 1～1.5m 设置吊点或支点，在下列部位也应设置吊点或支点：

1）线槽接头处；

2）距接线盒 0.2m 处；

3）线槽走向改变或转角处。

（10）管线经过建筑物的变形缝（包括沉降缝、伸缩缝、抗振缝等）处，应采取补偿措施，导线跨越变形缝的两侧应固定，并留有适当余量。

8.3.2.2 火灾探测器的安装

（1）安装线型火灾探测器和可燃气体探测器等有特殊安装要求的探测器，应符合现行有关国家标准的规定。

（2）探测器的底座应固定牢靠，其导线连接必须可靠压接或焊接。当采用焊接时，不得使用带腐蚀性的助焊剂。

（3）探测器的"＋"线应为红色，"－"线应为蓝色，其余线应根据不同用途采用其他颜色区分，但同一工程中相同用途的导线颜色应一致。

（4）探测器底座的穿线孔宜封堵，安装完毕后的探测器底座应采取保护措施。

（5）探测器的确认灯应面向便于人员观察的主要入口方向。

（6）探测器在即将调试时方可安装，在安装前应妥善保管，并应采取防尘、防潮、防腐蚀措施。

8.3.2.3 火灾报警控制器的安装

（1）控制器应安装牢固，不得倾斜。安装在轻质墙上时，应采取加固措施。

（2）控制器的接地应牢固，并有明显标志。

8.3.2.4 消防控制设备的安装

（1）消防控制设备在安装前，应进行功能检查，不合格者不得安装。

（2）消防控制设备的外接导线，当采用金属软管作套管时，其长度不宜大于 2m，且应采用管卡固定，其固定点间距不应大于 0.5m。金属软管与消防控制设备和接线盒（箱），应采用锁母固定，并应根据配管规定接地。

（3）消防控制设备外接导线的端部，应有明显标志。

（4）消防控制设备盘（柜）内不同电压等级、不同电流类别的端子应分开，并有明显标志。

8.3.2.5 系统接地装置的安装

（1）工作接地线应采用多股铜芯绝缘导线，不得利用镀锌扁钢或金属软管。

（2）工作接地线与保护接地线必须分开，保护接地导体不得利用金属软管。

8.3.2.6　自动灭火装置的安装
（1）安装前，应对探火管、释放管、灭火剂瓶组等进行气密性试验。

（2）灭火剂瓶组的安装应符合下列要求：

1）安装位置和安装的环境温度应符合设计要求。

2）安装位置应便于操作、维修，并应避免阳光照射。

3）灭火剂瓶组应直立安装，支架、框架固定牢靠，并应做防腐处理。

4）灭火剂瓶组可直接固定在墙上或放置于地面。

5）安装时，灭火剂贮存容器的标签应朝向正面。

6）灭火剂瓶组安装完成后，泄压装置的泄压方向不应朝向操作面。

7）在安装已灌充好的灭火剂瓶组之前，不应将探火管连接至灭火剂瓶组的容器阀上。

8）灌充好灭火剂的瓶组，应保证容器阀的小球阀处于"关闭"状态，并应带上球阀保护套，避免小球阀被打开，造成灭火剂意外释放。

（3）探火管及释放管的安装应符合下列要求：

1）应采用专用接头连接，探火管应沿防护区上方铺设，并采用专用管夹固定。当被保护对象为电线电缆时，可将探火管随电线电缆铺设，并应用专用的夹子固定。

2）探火管三通管接头的分流出口应水平安装。

8.3.3　调试验收

8.3.3.1　布线
（1）吊装线槽的吊杆直径不应小于 6mm。

（2）火灾自动报警系统导线敷设后，应对每回路的导线用 500V 的绝缘电阻表测量绝缘电阻，其对地绝缘电阻值不应小于 20MΩ。

8.3.3.2　火灾探测器
（1）探测器至空调送风口边的水平距离，不应小于 1.5m；至多孔送风顶棚孔口的水平距离，不应小于 0.5m。

（2）探测器宜水平安装，当必须倾斜安装时，倾斜角应不大于 45°。

（3）探测器底座的外接导线，应留有不小于 150mm 的余量，入端处应有明显标志。

8.3.3.3　火灾报警控制器
（1）火灾报警控制器在墙上安装时，其底边距地（楼）面不应小于 1.5m，落地安装时，其底宜高出地坪 0.1～0.2m。

（2）引入火灾报警控制器的电缆或导线，应符合下列要求：

1）配线应整齐，避免交叉，并应固定牢靠。

2）电缆芯和所配导线的端部均应标明编号，并与图纸一致，字迹应清晰、不易褪色。

3）端子板的每个接线端子，接线不得超过 2 根。

4）电缆芯和导线应留有不小于 200mm 的余量。

5）导线引入线穿线后，应在进线管处应封堵。

（3）自动灭火装置。

1）探火管固定夹之间的距离不应大于 500mm。

2）探火管应布置在离保护对象不超过 1m 处，不应紧贴在超过 80℃的表面。探火管的最小弯曲半径应不小于 30mm。

3）探火管及所有探火管接头处应用香皂水检漏，要求分段检查，认真、仔细观察，检查规则为 10min/m。不允许有气泡等任何泄漏现象发生。

第9章 通 风 系 统

9.1 到 货 验 收

（1）检查设备型号、外形尺寸与图纸是否相符，质量证明文件及出厂合格证应齐全。

（2）外壳表面涂覆不能露出底层金属，应无起泡、腐蚀、缺口、涂层脱落、砂孔、变形等缺陷。

9.2 安 装 要 点

（1）系统建筑物内垂直干线应采取金属管、封闭式金属线槽等保护方式进行布线。与裸放的电力电缆的最小净距为800mm；与放在有接地的金属槽或钢管中的电力电缆最小净距为150mm。封闭金属线槽安装效果图如图9-1所示。

图9-1 封闭金属线槽安装效果图

（2）预先在墙面开孔，开孔位置根据设计确定。固定排风扇时选用膨胀螺栓固定，四周缝隙用泡沫胶密封。

（3）排风口应避免直接吹到行人或附近建筑，直接朝向人行道的排风口出风速度不宜超过 3m/s。

9.3 调 试 验 收

（1）风机应固定牢靠，风机罩应与墙面连接严密、平整。通风系统安装效果图如图 9－2 所示。

图 9－2 通风系统安装效果图

（2）通风口应采取可靠的措施防雨水进入，应加设能防止小动物进入的金属网格，网孔净尺寸不应大于 10mm×10mm。通风口安装效果图如图 9－3 所示。

（3）通风系统应与消防报警系统联动，发生火灾时能自动关闭。通风系统应具备就地控制和远程控制功能。

（4）应对通风设施的噪声进行控制，采取必要的减振隔声措施。风机噪声对周围环境的影响应符合 GB 3096—2008《声环境质量标准》的规定和要求。

（5）排风温度不应高于 40℃，进、排风温差不宜大于 10℃。由温度监测器发出的信号应能自动启动风机。

（6）应对进、排风井间距进行合理布置，确保室内空气产生有效流动；采用机械通风方式时，宜控制室内断面风速不超过 5m/s。

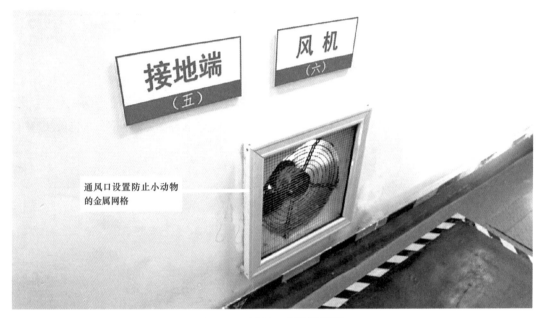

通风口设置防止小动物的金属网格

图9-3　通风口安装效果图

第10章 水 浸 系 统

10.1 到 货 验 收

（1）检查设备型号、外形尺寸与图纸是否相符，质量证明文件及出厂合格证应齐全。外壳表面涂覆不能露出底层金属，应无起泡、腐蚀、缺口、涂层脱落、砂孔、变形等缺陷。

（2）水泵扬程应达到规定要求。

10.2 安 装 要 点

（1）系统建筑物内垂直干线应采取金属管、封闭式金属线槽等保护方式进行布线。与裸放的电力电缆的最小净距为 800mm；与放在有接地的金属槽或钢管中的电力电缆最小净距为 150mm。

（2）水泵应安装在电缆沟（井）的集水坑。

（3）漏水检测线应安装在电缆沟（井）最先出现有水的位置。设置报警界限，当水位达到一定的深度时，联动水泵，开始抽水。

（4）漏水检测控制器安装在机柜端并连接监控主机。

（5）屏蔽控制线采用 $2 \times 1.0 mm^2$ 铜芯绝缘导线。

10.3 调 试 验 收

（1）水泵安装位置为集水坑底部，距地面 300mm。

（2）漏水检测线由集水坑最底部到电缆沟（井）最顶端。

（3）水浸系统应与水泵联动，当达到水浸系统设置的界限时启动水泵；水位低到水泵时，水泵自动关闭。水浸系统应具备就地控制和远程控制功能。

第11章 环境监测系统

11.1 到 货 验 收

（1）检查型号、外形尺寸与图纸是否相符，质量证明文件及出厂合格证应齐全。环境监测系统外观示意图如图11-1所示。外壳表面涂覆不能露出底层金属，应无起泡、腐蚀、缺口、涂层脱落、砂孔、变形等缺陷。

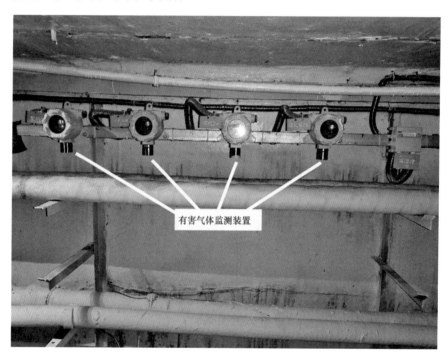

图11-1 环境监测系统外观示意图

（2）线材型号应与图纸相符，必须有检测报告。

11.2 安 装 要 点

（1）系统建筑物内垂直干线应采取金属管、封闭式金属线槽等保护方式进行布线。

与裸放的电力电缆的最小净距为 800mm；与放在有接地的金属槽或钢管中的电力电缆最小净距为 150mm。温湿度控制器安装效果图如图 11－2 所示。

（2）水平子系统应穿钢管埋于墙内。

（3）各气体探测器安装距地面 30cm 高度。

（4）传输电缆推荐采用 RVVP $2 \times 1.5mm^2$，电源选用 DC 24V。

图 11－2　温湿度控制器安装效果图

11.3　调　试　验　收

通过数据传输线将有害气体传感器、温湿度传感器连接到监控主机的开关量端子上面，再通过网线连接监控器主机的 THERNET 口和网络交换机。在后台软件上会显示出传感器的状态。当有异常产生时，软件应自动发出告警。

第12章 测温系统

12.1 到货验收

（1）传感器的铭牌应标明制造厂家、型号、名称、出厂编号等。

（2）所有传感器应具备详细的中文说明书。

12.2 安装要点

（1）安装在开关柜内后壁附近，采用粘扣固定安装，安装步骤如下：

1）将温度传感器固定在柜内后壁附近，探头对准母排或电缆终端头，中间不能有隔挡物；温度传感器安装效果图如图12-1所示。

图12-1 温度传感器安装效果图

136

2）将温度传感器线接至装置主机。

（2）温度传感器采用长寿命锂亚电池供电。

12.3 调 试 验 收

（1）正常运行时：系统应能够监测到各监测点的正常运行情况，将站内接头的温度、站内温度传感器的温度信息发送到站内后台或远程主站系统，在管理机上能够查询有关实时信息和历史数据。

（2）异常运行时：系统应能够监测到各监测点的异常运行情况，将各接头的温度越限、温升过快等报警信息发送到站内后台或远程主站系统，在管理机上能够查询有关报警信息和实时数据。

（3）温度监测应准确，不应有误报警和拒报警。当误发或拒发告警信号时，可在站内通过无线调整温度传感器的告警参数。

（4）实时运行数据（历史曲线）和故障信息（SOE 记录）可以在管理机上查询，整个系统的运行应能够保持各方获得的信息一致，并且符合实际情况。